美味诀窍一目了然 ★ ★

意大利面制作基础

（日）石泽清美　著　　　王宇佳　译

U0312085

红星电子音像出版社

制作意大利面最大的窍门是掌握好「时间」！

制作过程中一定要掌握好煮面和制作酱汁的时间

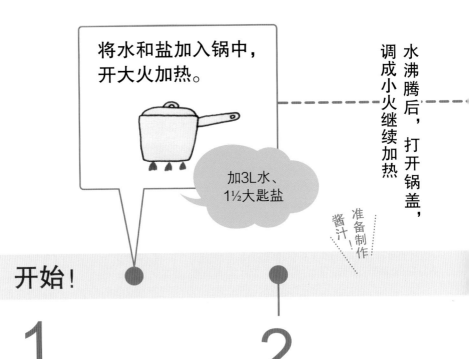

将水和盐加入锅中，开大火加热。

加3L水、1½大匙盐

水沸腾后，打开锅盖，调成小火继续加热

准备制作酱汁！

开始！

1 备齐材料

准备好各种食材和工具！

2 准备工作

为了防止砧板变脏，按照蔬菜→肉类（或者海鲜）的顺序将材料切好。

＊＊上面介绍的是最普通的意人利面的制作流程。并不适用于那些需要很长时间准备酱汁的复杂意大利面。

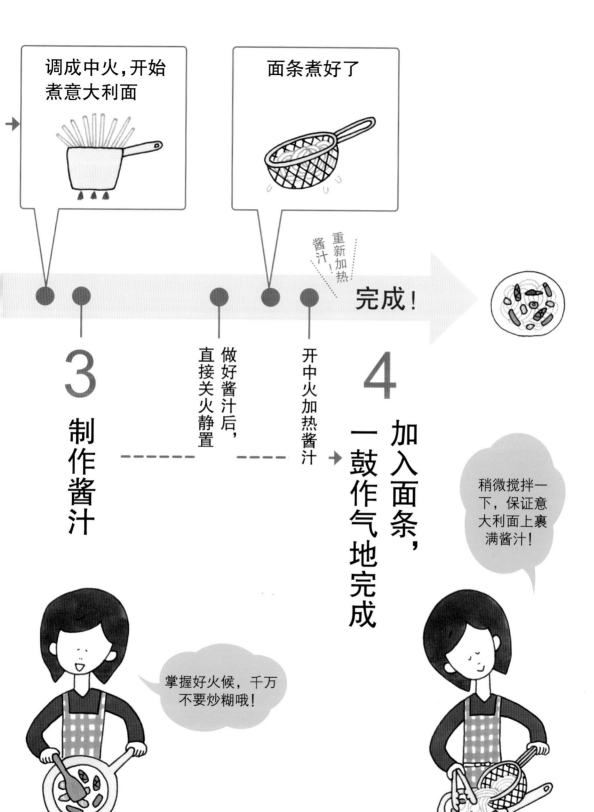

调成中火,开始煮意大利面

面条煮好了

重新加热
酱汁!

完成!

3 制作酱汁

直接关火静置
做好酱汁后,

开中火加热酱汁

4 加入面条,一鼓作气地完成

稍微搅拌一下,保证意大利面上裹满酱汁!

掌握好火候,千万不要炒糊哦!

初学者也能「成功做出美味意大利面的标识」

本书除了包含材料的准备工作、制作方法的步骤图之外，还使用了大量文字和标识说明操作的时机和窍门等。即使是初学者，也能轻松使用。

标识 1 一目了然的材料表

材料（2人份）	
意大利面（意大利扁面→P6）	160g
酱状墨鱼汁（市面上买到的）	2g
番茄	1个（150g）
大蒜	1瓣
红辣椒	1个
洋葱	⅓个（50g）
莳萝	适量
橄榄油	3大匙
白葡萄酒	1大匙
煮面汤汁	2大匙
盐、粗粒黑胡椒	各少许

烹调时间 ＊30分钟

马上就知道需要什么材料

材料分量用个数和g数做双重表示

烹调时长也为您标出

详细说明食材的相关信息

食材小贴士

莳萝
伞形科植物，香味非常独特。除了制作意大利面之外，还常用于给肉类料理和鱼类料理调味。

酱状墨鱼汁
将墨鱼汁制作成酱状并加入盐等进行调味，使用分量请参考包装上的标示。

标识 2 明确标出开始烧水和煮意大利面的时间

标明时间点！

示例

将3L水和1大匙半盐（都为分量外）倒入大锅中，开大火加热

开始煮意大利面

制作意大利面的所有流程都一目了然

准备工作的顺序、制作方法的重点一目了然！

＼ 制作方法各步骤清楚明了 ／

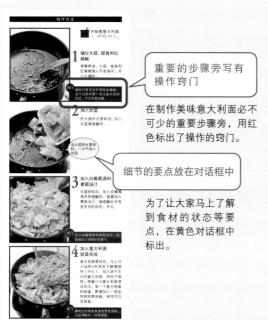

重要的步骤旁写有操作窍门

在制作美味意大利面必不可少的重要步骤旁，用红色标出了操作的窍门。

细节的要点放在对话框中

为了让大家马上了解到食材的状态等要点，在黄色对话框中标出。

＼ 按顺序准备食材 操作起来会更加顺畅 ／

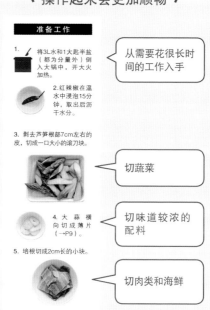

从需要花很长时间的工作入手

切蔬菜

切味道较浓的配料

切肉类和海鲜

指导你做出正宗的酱汁

肉酱　　热那亚青酱　　番茄酱

＼ 还标注了保存方法 ／

用详细的步骤图讲解正宗意大利面酱汁的做法。同时还标明了冷藏、冷冻等保存方法，一次性做很多也完全没问题。

搭配意大利面的简单料理也一并介绍！

例如
开胃菜
卡布里沙拉

例如
餐后甜点
提拉米苏

除此之外，还介绍了美味的沙拉、汤、主菜和饮料等！

意大利面的种类

据说,现存的意大利面有好几百种。这里给大家介绍的是最常见的几种。不同品牌的意大利面的长度、粗细、形状和需要煮的时间都会有所不同,具体情况可以参考包装上的说明。

意大利长面

天使细面 Capellini

直径约0.9mm。Capellini有"纤细发丝"的意思。天使细面是一款横切面为圆形的极细意大利面。常用于制作汤面和冷面。

意大利极细面 Fedelini

直径1mm左右。Fedelini有"细线"之意。粗细介于天使细面和意大利特细面之间。常用于搭配味道清淡的酱汁或做成冷面。

意大利特细面 Spaghettini

直径1.2~1.6mm。Spaghettini有"比意大利细面更细"的意思。常用于搭配味道清淡的油酱。

意大利细面 Spaghetti

直径1.6~2.2mm。Spaghetti有"细绳"之意。意大利细面是最常见的长面。搭配任何酱汁都很美味,运用范围非常广。

意大利扁面 Linguine

Linguine有"麻雀的舌头"之意,所以意大利扁面的横切面像麻雀的舌头一样呈椭圆形。能够较好地吸收酱汁的风味,常用于搭配奶油、奶酪酱汁。

鲜意大利面也很推荐哦

鲜意大利面跟干意大利面在口感和味道上都有所不同。鲜意大利面很有嚼劲,同时还能呈现出面粉本身的味道。不过,鲜意大利面的保存时间比干意大利面短很多,一定要在保质期之内尽快吃完。

意大利短面

贝壳面 Conchiglie

Conchiglie有 "贝壳"之意。贝壳面除了制作成意大利面之外,还常用于制作沙拉和汤。有一款名叫"Gnocchetti(小贝壳面)"的意大利面,形状跟贝壳面相似但比它稍小一些。

粗纹通心粉 Rigatoni

直径为9~15mm,表面有竖条纹的粗通心粉。这款意大利面比较粗且是空心的,非常容易吸收酱汁的味道,常用于搭配浓厚的肉类酱汁或奶油酱汁。

笔尖面 Penne rigate

Penne的意思是"笔尖",rigate的意思是"竖纹"。这款意大利面上的竖纹容易吸附酱汁,常用于搭配较浓的酱汁。

螺旋面 Fusilli

被扭转成螺旋状的意大利面。容易吸附酱汁,跟任何酱汁都搭配。

蝴蝶面 Farfalle

Farfalle有"蝴蝶"之意,所以称之为蝴蝶面。蝴蝶面有很多大小不同的型号,每种型号需要煮的时间各不相同,烹调时一定要多加注意。除了搭配味道清淡的酱汁,蝴蝶面还常用于制作沙拉和汤。

通心粉 Maccheroni

直径5mm左右的空心意大利面。适用于制作多种料理,如奶油 面、沙拉和汤等。

意大利宽面

制作意大利面常用的盐和橄榄油

盐和橄榄油是制作美味意大利面不可或缺的调味料。

盐

制作意大利面时,尽量不要使用精制盐,而要使用富含矿物质且口感柔和的天然盐。调味时可以边尝味道边加入。

橄榄油

推荐使用100%特级初榨橄榄油。它的香味浓郁醇厚,能够使料理的味道更上一层楼。希望大家在使用过程中调出自己最喜欢的味道。

较细的意大利面适合搭配清淡的酱汁,较粗的意大利面适合搭配浓厚的酱汁。

Point!

缎带面 Fettuccine

宽5mm左右的扁平意大利面。容易吸附酱汁,常用于搭配奶油或奶酪酱汁。在意大利中部和南部,缎带面被称为Fettuccine。

宽缎带面 Tagliatelle

宽5~8mm的扁平意大利面。适合搭配口感浓厚的酱汁。在意大利北部,被称为Tagliatelle。与缎带面一样,都是加入菠菜、鸡蛋和番茄制作而成的面条。

意大利宽面 Lasagna

最宽的意大利面。常见的做法是搭配肉酱和白酱制作成千层面(P152~154)。千层面是比较有代表性的意大利美食。

制作意大利面需要的工具

下面给大家介绍一下制作意大利面时需要用到的工具。为了做出美味的意大利面，提前将它们准备好吧。

计时器

有了计时器，可以更好地控制煮意大利面和加入材料的时间。最好准备以秒为单位的电子计时器。

电子秤

为了精确地称量意大利面、肉类、鱼类和蔬菜等材料，电子秤是非常必要的。

笊篱

用来沥干意大利面和蔬菜水分的工具。购买时注意选择大小、重量比较顺手的。

量杯&量匙

用来控制煮面水量和各种材料用量的工具。

V形夹

用来混合意大利面和酱汁，然后将它们移到餐具中的工具。可以用长筷子代替，不过V形夹不打滑，操作起来更方便。为了防止刮伤平底锅的涂层，最好选择头部带硅胶的夹子。

煮意大利面的汤锅

制作美味意大利面的窍门是将意大利面充分浸入热水中烹煮，所以要选择这种较深的汤锅。如果常用于煮2人份的意大利面，可以选择容量为3L的汤锅。

其他必要工具

·砧板·菜刀·长筷子·木铲·汤匙·削皮器·平底锅
·锅（直径16cm）·碗（大、小）·牙签·木棒·厨房用剪刀

最好备齐的方便工具

意大利面锅&意大利面捞勺

意大利面锅是专门设计用来制作意大利面的锅。它可以实现"烹煮、沥水、混合酱汁、装盘"4种功能。意大利面捞勺是在煮面过程中用来搅拌和捞出面条确认是否煮好的工具。

意大利面储存盒

意大利面储存盒是储存意大利面的工具。推荐购买一眼就能看出余量的透明储存盒。

准备工作

根据煮面的时间准备配菜和酱汁，是制作意大利面的基础。为此，一定要事先掌握处理各种材料的方法。

〖 红辣椒 〗

红辣椒切得越细，辣味越浓。

去籽

去掉红辣椒的蒂和籽后，将其泡入温水中。15分钟后，拿出红辣椒，沥干水分。

剪成小段

沥干水分后，用厨房剪刀将其剪成宽5mm的小段。

〖 帕尔玛干酪 〗

磨碎

市面上卖的帕尔玛干酪大多是块状的，所以必须磨碎后使用。在制作意大利面过程中现磨，香味会更加浓郁。

〖 大蒜 〗

为了将大蒜炒得更均，切的时候必须保证大小相同。如果想将大蒜的味道充分融入到油中，就要切成碎末。如果只想用来提味，则用刀背压碎即可。切成薄片起到的作用，介于上述两者之间。

压碎

1 纵向对切成两半，去掉中间的芯。

2 将刀背放到大蒜上，用自重将大蒜压碎。

切薄片

 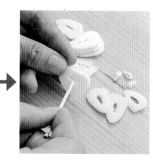

1 横向切薄片。

2 用牙签将中间的芯去掉。

切碎末

1 纵向切成两半，去掉中间的芯，然后再纵向切成薄片。

2 继续纵切，切成细条状。

3 调转方向，切成长5mm的碎末。

煮意大利面的方法

可以说，决定意大利面是否美味的最大要素就是"煮法"。因为在跟酱汁混合时要重新开火加热，所以刚开始要煮成略硬的状态。

煮意大利面的 3个关键

1 煮2人份的意大利面时，要加3L水和1大匙半盐。

2 煮意大利面的时机要根据制作的酱汁进行调整。

3 煮的时间比包装上标注的时间略短一些，最后用手掰断确认是否煮好。

1 称量意大利面

取意大利面时不能用目测，而要用电子秤称量。否则可能会出现味道过浓或过淡的情况，导致制作失败。做2人份的意大利面时，取大约160g就够了。

2 将水煮开

将3L水和1大匙半盐倒入大锅中。要想煮好意大利面，必须放足量的水，并用盐给面条添加一定的咸味。

盖上锅盖，开大火加热。

3 煮意大利面

待水煮沸后，打开锅盖。用两手稍微扭转意大利面，将其拿到锅的正上方。

快速松手，使意大利面呈放射状扩散到锅中。如果意大利面没有扩散开，则要迅速用手将其拨开。

用夹子将意大利面按入水中。

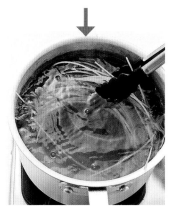

为了防止意大利面粘到一起，用夹子轻轻搅拌一圈。

4 设置计时器

马上设置好计时器。设定的时间要比包装标示时间短30秒~1分钟。火开得过大容易溢锅，所以要一直保持略微沸腾的状态（中火）。煮的过程中，可以用夹子搅拌1~2次。

制作油酱意大利面时，要趁着快煮好之前取出适量的汤汁

趁着意大利面煮好之前，要先取出油酱意大利面所需要的汤汁（2人份的话大约2大匙）。制作其他酱汁时，如果煮得过浓，也可以加汤汁进行稀释。为了更方便操作，取出的汤汁要倒入带刻度的量杯中。

5 确认是否煮好

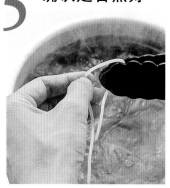

计时器停止之后，要用夹子捞起一根意大利面确认是否煮好。

中间稍微留些硬芯的状态最好！

捞出之后，用手指将意大利面掰断，注意不要烫伤。意大利面中间有一根针尖粗细的硬芯，就是最好的状态。

6 沥干水分

将意大利面倒入笊篱中，沥干水分。接着将其倒入酱汁中，快速混合后完成。

煮短面时

短面比长面更容易出现粘连的现象，煮的过程中要用夹子搅拌3~4次。煮的时间要比包装标示时间短30秒~1分钟。

蒜香橄榄油意大利面

这款蒜香橄榄油意大利面是油酱意大利面的代表，制作方法非常简单。用橄榄油将大蒜和红辣椒炒香，接着倒入煮面汤汁使其乳化，最后加入煮好的意大利面搅拌而成。乍看之下，这款意大利面制作步骤简单、易操作，其实却是公认的最考验手法的意大利面。无论是煮面条的火候、制作油酱的方法，还是混合酱汁的时机，都需要集中精神细致地进行操作。只有这样，才能做好这款突出面条本身味道的经典意大利面。

材料（2人份）

意大利面（意大利细面→P6）… 160g
大蒜······················· 2瓣
红辣椒······················· 2个
橄榄油······················· 3大匙
煮面汤汁····················· 2大匙
盐、粗粒黑胡椒················各少许

烹调时间 ＊ **25分钟**

准备工作

1. 将3L水和1大匙半盐（都为分量外）倒入大锅中，开大火加热。

2. 红辣椒在温水中浸泡15分钟,取出后沥干水分。

3. 大蒜横向切成薄片（→P9）。

aglio olio e peperoncino

在意大利语中，aglio指大蒜，olio指橄榄油，peperoncino指红辣椒。

1 开始煮意大利面

用两手稍微扭转意大利面，将其拿到锅的正上方。

快速松手，使意大利面呈放射状扩散到锅中。用夹子轻轻搅拌一圈（→P10~11）。设置好计时器。

取出2大匙汤汁，倒入量杯中。

★窍门1★
"煮面汤汁"是不可或缺的材料
将煮面汤汁加入酱汁中，酱汁会更容易跟面条混合，同时还能达到去油的效果。

★窍门2★
在面条煮好前5分钟左右开始制作酱汁
为了防止产生面条过软或酱汁过早做好的失误，一定要掌握好操作的时机。

2 将橄榄油、大蒜和红辣椒倒入平底锅中。

将橄榄油和大蒜倒入平底锅中。

加入红辣椒。

★窍门3★
将所有材料一起放入平底锅中
先不开火，在油还是冷的状态下，放入大蒜和红辣椒。小火慢慢加热，使大蒜和红辣椒的香味充分渗入油中。

3 加热

开小火加热。为了让大蒜和红辣椒浸入油里，要不时倾斜平底锅。

> ★窍门4★
>
> **为了防止炒糊，要用小火**
>
> 大蒜炒糊之后会有苦味，进而导致整个酱汁味道不好，一定要多加注意。

30秒后

大蒜中还留有水分，所以是白色的。

2~3分钟后

大蒜周围冒出小气泡，颜色也略微变深。

> ★窍门5★
>
> **使大蒜和红辣椒的香味渗入油里**
>
> 当大蒜散发出香味时，就表示炒得差不多了。

4 加入煮面汤汁

将取出的煮面汤汁一次性加入平底锅中。

> ★窍门6★
>
> **加入煮面汤汁，使锅内温度下降**
>
> 用汤汁降低温度能够防止大蒜和红辣椒炒糊。

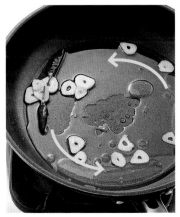

快速晃动平底锅2~3周。

> ★窍门7★
>
> **将材料翻炒均匀后，关火**
>
> 如果橄榄油在翻炒过程中全部蒸发，酱汁就会变得不容易跟面条混合，所以加入煮面汤汁搅拌均匀后就要立刻关火。

用夹子搅拌，一旦乳化后稍有变白，就马上关火。

5 沥干意大利面的水分

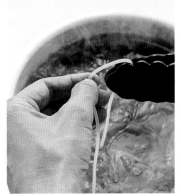

计时器停止之后，用夹子捞起一根意大利面。用手指将意大利面掰断，如果中间有一根针尖粗细的硬芯，就表示煮好了。

用笊篱沥干意大利面的水分。

6 加入意大利面

意大利面煮好后，马上开火加热4。用夹子充分搅拌，使其再次乳化，然后加入意大利面。

★窍门8★

速度很重要

一旦平底锅中的酱汁变热，就要马上加入意大利面，然后一鼓作气完成。

7 搅拌

用夹子画圈搅拌，使酱汁与意大利面混合均匀。

★窍门9★

并非翻炒，而是快速搅拌

只需快速搅拌，直到水分蒸发，酱汁和意大利面混合均匀，就算完成了。

8 调味

尝一下意大利面的味道，然后酌情加入一些盐和粗粒黑胡椒，搅拌均匀。

★窍门10★

一定要尝味道！

面条本身就有咸味，调味前一定要尝一下，防止盐放得过多。

9 装盘

用夹子分几次将意大利面盛到盘子中。稍微扭转一下再放入盘子,装盘效果会更整齐漂亮。

★窍门11★

装盘时要摆得高低有致

装盘时,将中间摆得高一些,看起来就很有高级意大利餐厅的感觉。

最后可以撒上一些配料!

进化版蒜香橄榄油意大利面

意大利面完成后,可以在上面撒一些香芹、意大利香芹或芝麻菜,这样不但味道会产生变化,颜色也会更好看。

加入香芹的意大利面

材料(2人份)和制作方法

取8根香芹切成碎末。制作好蒜香橄榄油意大利面,将香芹碎末撒在上面。搅拌均匀后食用即可。

番茄酱意大利面

下面为大家介绍这款只需用水煮番茄罐头就能轻松做出的经典番茄酱意大利面。提前买好番茄罐头，在想吃的时候就马上可以做出，真是简单又方便。这款意大利面的酱汁可以保存的时间较长，推荐大家一下做好够2次吃的分量。甜甜的番茄和大蒜的味道融合到一起，打造出了美味的酱汁，用它搭配任何食材都不错。在意大利，这种酱汁被称为"spaghetti pomodoro"。

材料（意大利面2人份、酱汁4人份）

意大利面（意大利细面→P6）… 160g
番茄酱汁（完成后大约600g）
　┌ 水煮番茄（罐头）… 2大罐（800g）
　│ 大蒜 ……………………………… 1瓣
　│ 橄榄油 ………………………… 2大匙
　│ 白葡萄酒 ……………………… 2大匙
　└ 盐 ………………………………… 1小匙
盐、粗粒黑胡椒……………………各少许

烹调时间 ＊ **30分钟**

准 备 工 作

大蒜纵向切成两半，然后用刀背压碎（→P9）。

食材小贴士

水煮番茄罐头
将熟透的番茄剥皮，然后泡入番茄汁后制成的罐头。

番茄酱汁的保存方法

剩下的番茄酱汁，可以待其完全冷却后装入密封袋中。放入冰箱冷藏室可以保存4天左右，冷冻室则可以保存1个月左右。想食用时，要先在室温下自然解冻，然后倒入平底锅中加热。

1 将番茄捏碎

将水煮番茄连同汁液一起倒入大碗中，然后用手捏碎。

> ★窍门1★
> **要完全捏碎**
> 要用手指慢慢将番茄完全捏碎，制作成细腻的番茄酱。

把番茄捏碎到没有明显的大块时，就算可以了。

> ★窍门2★
> **用手指确认番茄酱的状态**
> 用手指确认，变成没有大块的细腻状态，就算可以了。

将3L水和1大匙半盐（都为分量外）倒入大锅中，开大火加热。

2 煸炒大蒜

将橄榄油和大蒜倒入平底锅中。

开小火加热。

> ★窍门3★
> **为了防止炒糊，要用小火**
> 大蒜炒糊之后会有苦味，所以要用小火慢慢翻炒。

使大蒜的香味渗入油里
当大蒜散发出香味时，就表示炒得差不多了。

为了让大蒜浸入油里，要不时倾斜平底锅。

3 加入水煮番茄

将水煮番茄一次性加入平底锅中。

4 加入白葡萄酒

将白葡萄酒均匀地淋到其他食材上。

用白葡萄酒添加酸味和香味
加入白葡萄酒，使酱汁的味道变得更有层次。

5 煮酱汁

将火调至稍弱的中火，用木铲搅拌平底锅中的食材。为了防止酱汁炒糊，要不时从底部向上搅拌。

用稍弱的中火煮酱汁
如果火开得过小，酱汁就很难煮成黏稠状态，这一点要多加注意。

开始煮意大利面（→P10~11）。

观察平底锅的边缘，酱汁要达到这种浓度，才算煮好。

5分钟后

用木铲拨开酱汁，如果马上恢复原状，证明煮得还不够黏稠。

观察平底锅的边缘，如果呈现图中所示的状态，则还需要再煮一会儿。

★窍门7★

确认酱汁的浓度

如果酱汁煮得不够黏稠，就很难吸附到意大利面上，所以煮的时候一定要多多观察。

7分钟后

用木铲拨开酱汁，如果像图中所示一样，不会马上恢复原状，则证明煮好了。

★窍门8★

要煮到很黏稠的状态

大约煮7分钟后，煮到变成原来2/3的量时，就算煮好了。

6 加盐

加盐后充分搅拌，关火。取出½的量（保存用）。

★窍门9★

用咸味突出甜味

给酱汁加盐后，可以用咸味突出番茄的甜味。

7 加入意大利面

意大利面煮好后，马上开火加热6中做好的酱汁。然后加入沥干水分的意大利面。

★窍门10★
注意每个操作的时机
一旦番茄酱汁变热，就要马上加入意大利面，然后一鼓作气地完成。

8 搅拌

用夹子画圈搅拌，使酱汁与意大利面混合均匀。

当所有意大利面都裹上酱汁时，就算可以了。尝一下意大利面的味道，酌情加入一些盐并搅拌均匀。用夹子将意大利面盛到盘子中，撒上粗粒黑胡椒。

最后可以撒上一些配料!

进化版番茄酱意大利面

意大利面完成后，可以在上面撒一些罗勒、绿紫苏或切碎的橄榄。这样就能给意大利面增加一些清新的香味。

加入罗勒的意大利面

材料（2人份）和制作方法

将1根罗勒的叶子摘下，切成5mm的碎块。制作好番茄酱意大利面，将罗勒撒在上面。搅拌均匀后食用即可。

食材小贴士

罗勒
紫苏科植物。特征是带有清新的香味和些许辣味。除了意大利面之外，还常用于制作沙拉和汤。

炭烧白汁意大利面

这款炭烧白汁意大利面使用了鸡蛋和鲜奶油，以味道浓郁著称。制作酱汁时，有使用全蛋和只用蛋黄两种做法，本次给大家介绍的是前者。加入了帕尔玛干酪的酱汁浓度很高，能够很好地包裹到意大利面上。做好这款意大利面最大的窍门是煮酱汁的火候。既不能煮过头，酱汁中还不能留有生的味道，要做成功可要下一番工夫。最后撒上一些黑胡椒，使嚼劲十足的培根味道更上一层楼。

材料（2人份）

意大利面（宽缎带面→P7） ··· 160g
白汁
   鸡蛋 ·· 2个
   帕尔玛干酪 ································· 15g
   鲜奶油 ··· ¼杯
   盐、粗粒黑胡椒 ·················· 各少许
意大利培根（块状）············ 80g
橄榄油·································· 1大匙
粗粒黑胡椒···························少许
*使用细碎的黑胡椒也可以。

烹调时间 ＊ **25分钟**

准 备 工 作

1. 将3L水和1大匙半盐（都为分量外）倒入大锅中，开大火加热。

 2. 意大利培根切成长5mm的长条状。

 3. 帕尔玛干酪磨碎备用。

Carbonara

Carbonara在意大利语中有"烧炭工人"的意思。关于它名称由来的另一种说法是——最后撒上的黑胡椒很像炭粉。

食材小贴士

帕尔玛干酪
意大利产的硬质奶酪。通常用工具磨碎后使用。加入帕尔玛干酪后，料理的浓度、味道和香味都会更上一层楼。

意大利培根
将意大利产的猪肉用盐腌制后制成的肉类。特点是肉香浓郁、有一定的咸味。市面上出售的主要有三种，分别是块状的、切成薄片的和切碎的。用普通的培根代替也可以。

1 开始煮意大利面

锅内的水沸腾之后，将意大利面放入（→P10~11）。设置好计时器。

★窍门1★

制作酱汁前先煮意大利面

先下锅煮意大利面，之后再炒意大利培根、制作酱汁，操作起来会更加顺畅。

2 炒意大利培根

将橄榄油和意大利培根倒入平底锅中，开小火加热并用木铲不停翻炒。

★窍门2★

为了防止炒糊，要用小火

慢慢翻炒意大利培根，使它的香味转移到油中。

翻炒2分钟左右，炒到意大利培根稍微变色时就可以了。

★窍门3★

炒出香味

要炒到培根的肥肉变得有些透明且整体稍微变色，这样才能炒出培根的香味。

3 制作白汁

将鸡蛋打入大碗中，用筷子打散，依次加入鲜奶油、帕尔玛干酪、盐和黑胡椒。

★窍门4★

炒完意大利培根后再制作白汁

打散的鸡蛋放置一段时间之后就会失去黏度，所以一定要等到加入意大利面前打散。

4 搅拌

用长筷子搅拌，直到食材完全混合，呈现细腻光滑的状态为止。

5 沥干意大利面的水分

计时器停止后，将意大利面捞出后放入笊篱中，沥干水分。

★窍门5★

水分一定要完全沥干

为了防止最后做成的意大利面变成水水的状态，一定完全要沥干面条中的水分。

6 将意大利面与酱汁混合

将意大利面倒入4的酱汁中。

用夹子充分搅拌，使意大利面均匀地裹上酱汁。

★窍门6★

酱汁一定要搅拌均匀

如果酱汁出现结块现象，就是制作的时候搅拌得不够均匀，一定要多加注意。

7 开火加热平底锅

开中火加热2中的平底锅,让锅中的油变热。

★窍门7★

加热时要不停地用木铲搅拌

如果油是冷的,就会显得很油腻。所以要边用木铲边搅拌边加热。

8 加入意大利面

将6的意大利面一次性加入锅中。

9 搅拌

用夹子画圈搅拌,使酱汁与意大利面混合均匀。

★窍门8★

搅拌时速度要快

用快速画圈的手法搅拌,酱汁更容易裹到意大利面上。

10 完成

当酱汁均匀地裹在意大利面上并呈现黏稠的状态时,就算制作完成了。

★窍门9★

关火的时机很重要

加热时间过长,意大利面就会变得很干,所以当你觉得"还有点早吧"的时候,就要关火了。

11 装盘

将意大利面盛到盘子，撒上黑胡椒。

★窍门10★
最后撒上一些黑胡椒
完成时再撒上一些黑胡椒，整体味道
会更浓郁。

进化版
炭烧白汁意大利面

意大利面完成后，
可以在上面撒一些水芹、细香葱
或小葱。这样能使意大利面的
味道显得更有层次感。

加入水芹的意大利面

材料（2人份）和制作方法

将8~10根水芹前端的嫩尖摘下。
制作好炭烧白汁意大利面，将水芹
嫩尖撒在上面。搅拌均匀后食用即
可。

意大利面制作基础

PART 1

搭配任何食材都很美味
油酱意大利面

column

PART 2

鲜艳的色彩提升你的食欲
番茄酱意大利面

ᨔ c o l u m n ᨕ

PART 3
浓郁醇厚的味道
奶油、奶酪酱汁意大利面

ᨔ c o l u m n ᨕ

PART 4
这种意大利面也不错。
冷制意大利面 汤面
煮汁意大利面 焗面

ᨔ c o l u m n ᨕ

PART 5

你一定想掌握的，惊艳美味
和风、创新意大利面

本书的使用方法

＊ 计量单位为1杯=200ml、1大匙=15ml、1小匙=5ml。

＊ 书中使用的是600W的微波炉。如果使用500W的微波炉，要将加热时间增加到1.2倍。另外，微波炉的型号和气候也会导致加热效果产生差异。

＊ 平底锅使用的是直径26cm的氟树脂涂层类型。

＊ 使用保鲜膜包住蔬菜放入微波炉中加热时，要选用耐热温度为140℃的保鲜膜。

＊ 本书中使用的黄油都是无盐型的。如果使用含盐的黄油，请适当加减盐的用量。

＊ "少许"指的是1/5小匙以下的用量，"适量"指的是按照自己的喜好决定用量。

＊ 鲜奶油使用的是动物性乳制品。

PART 1

搭配任何食材都很美味

油酱意大利面

突出大蒜香味的油酱意大利面，一直都很受欢迎。油酱意大利面最大的魅力在于，它跟任何食材搭配起来都很美味，无论是以培根和生火腿为首的肉类，还是竹荚鱼和虾这类海鲜，亦或是各种各样的蔬菜，搭配起来都相得益彰。将油酱跟不同食材搭配，一定能制作出与众不同的美味意大利面，请大家大胆尝试吧。

花蛤油酱面

来自清美老师
的小建议

将大蒜的香味转移到橄榄油中之后，再加入鲜美的花蛤，就能制作出非常美味的花蛤油酱。这款意大利面虽然制作方法简单，却能突出食材本身的味道。做好之后一定要趁热吃哦。

材料（2人份）

意大利面（意大利细面→P6）	…160g
带壳花蛤（已经去除沙子的）	……250g
大蒜	½瓣
红辣椒	1个
意大利香芹	适量
橄榄油	3大匙
白葡萄酒	1大匙
煮面汤汁	2大匙
盐、粗粒黑胡椒	各少许

烹调时间 ＊ **25分钟**

食材小贴士

意大利香芹
与普通香芹相比，意大利香芹的香味更加稳定且清爽。除了意大利面之外，意大利香芹还常用于制作沙拉和腌制其他食材。

准备工作

1.  将3L水和1大匙半盐（都为分量外）倒入大锅中，开大火加热。

2. 红辣椒去掉蒂和籽后，在温水中浸泡15分钟，取出后沥干水分（→P9）。

3. 大蒜用刀背压碎（→P9）。

4. 洗净花蛤的肉和壳后，沥干水分。

制作方法

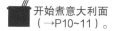 开始煮意大利面（→P10~11）。

1 煸炒大蒜和红辣椒

将橄榄油、大蒜和红辣椒倒入平底锅中，开小火煸炒。为了让大蒜和红辣椒浸入油里，要不时倾斜平底锅。

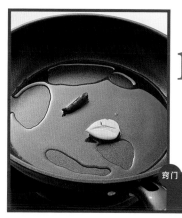

窍门 为了将红辣椒的辣味和大蒜的香味转移到橄榄油中，在开火前就要将它们放入锅中。

2 加入花蛤

大蒜炒出香味后，改中火，加入花蛤继续翻炒。接着加入白葡萄酒，盖上锅盖煮2~3分钟。

窍门 加入白葡萄酒能使酱汁的风味更上一层楼，同时还能起到使花蛤的壳更容易张开的作用。

3 加入煮面汤汁

花蛤的壳全部张开后，加入煮面汤汁，用夹子不停地画圈搅拌。当酱汁变得有些发白时，暂时关火。

花蛤的壳张开后，马上加入煮面汤汁。

4 加入意大利面，装盘完成

煮好意大利面后，马上开火加热3的酱汁（中火）。沥干意大利面水分之后，将其加入锅中，用夹子画圈搅拌，使酱汁与意大利面混合均匀。尝一下意大利面的味道，酌情加入一些盐和粗粒黑胡椒并搅拌均匀。最后将意大利面盛入盘中，撒上意大利香芹叶。

窍门 加入意大利面后，要迅速搅拌，一鼓作气地完成。

甜甜的甘蓝配上口感浓厚的鳀鱼，形成绝妙的味道。

甘蓝鳀鱼油酱面

来自清美老师
的小建议

这款意大利面一年四季都可以制作，不过食材的口感会略有不同。春天的甘蓝口感更软，冬天的甘蓝则略硬一些。在炒的时候，建议大家将前者炒的时间缩短一些，后者延长一些。腌制过的鳀鱼本身就比较咸，所以最后调味时一定要慎重。

材料（2人份）

意大利面（意大利细面→P6）	160g
甘蓝	3片（150g）
鳀鱼（腌制过的）	3片
大蒜	1瓣
红辣椒	1个
橄榄油	3大匙
白葡萄酒	1大匙
煮面汤汁	2大匙
盐、粗粒黑胡椒	各少许

烹调时间 ＊ **25分钟**

食材小贴士

鳀鱼
制作这款意大利面用的是腌制后用橄榄油浸泡过的鳀鱼。它的特征是口感浓厚且味道比较咸。除了片状鳀鱼之外，还有碎末型的，请大家根据自己的喜好和用途自由选择。

准备工作

1. 将3L水和1大匙半盐（都为分量外）倒入大锅中，开大火加热。

2. 红辣椒去掉蒂和籽后，在温水中浸泡15分钟，取出后沥干水分（→P9）。

3. 甘蓝切成边长为4cm的方块。

4. 大蒜切碎末（→P9）。

制作方法

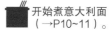 开始煮意大利面（→P10~11）。

1 煸炒大蒜、鳀鱼和红辣椒

将橄榄油、大蒜、鳀鱼和红辣椒倒入平底锅中，开小火煸炒。

窍门 煸炒时要用木铲将鳀鱼碾碎，这个过程中要一直注意大蒜的状态，千万不能炒糊。

2 加入甘蓝

把大蒜炒出香味后，加入甘蓝继续翻炒。

 当大蒜炒出香味时，一口气加入甘蓝

3 加入白葡萄酒和煮面汤汁

甘蓝炒软后，加入白葡萄酒并快速翻炒。接着加入煮面汤汁，继续翻炒至有些发白的状态。关火。

窍门 加入白葡萄酒和煮面汤汁，就能做出口感绝妙的酱汁。

4 加入意大利面装盘完成

意大利面煮好后，马上开火加热3并用夹子略微搅拌（中火）。加入沥干水分的意大利面，用夹子搅拌，使酱汁与意大利面混合均匀。尝一下意大利面的味道，酌情加入一些盐和粗粒黑胡椒，搅拌均匀后装盘。

窍门 腌制过的鳀鱼本身就带有咸味，加盐调味时一定要慎重。

鲜美的竹荚鱼与香菜独特的香味搭配，相得益彰。

竹荚鱼油酱面

来自清美老师的
小建议

在意大利面的原产地意大利，海鲜意大利面一直很受欢迎。菜谱中使用了竹荚鱼，当然大家还
可以用新鲜的沙丁鱼或罐头沙丁鱼来做。香菜也可以用香芹或意大利香芹代替。

材料（2人份）

意大利面（意大利细面→P6）…160g
竹荚鱼（片成片状）… 2条份（150g）
香菜·······················1根（20g）
大蒜····························½瓣
红辣椒···························1根
盐、粗粒黑胡椒·················各适量
橄榄油··························3大匙
白葡萄酒························1大匙
煮面汤汁························2大匙

烹调时间 ＊ **25分**

食材小贴士

香菜
伞形科植物，别名香
荽、胡荽。特点是本身
独特的香味，常用于制
作泰国料理。

准备工作

1. 将3L水和1大匙半盐（都为分量外）倒入大锅中，开大火加热。

2. 红辣椒去掉蒂和籽后，在温水中浸泡15分钟，取出后沥干水分（→P9）。

3. 摘下香菜的叶子并将茎切碎。

4. 大蒜切碎末（→P9）。

5. 竹荚鱼剥皮去骨，切成3cm左右的片状。

制作方法

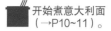
开始煮意大利面
（→P10~11）。

1 煸炒大蒜和红辣椒

在竹荚鱼的两面撒上少许盐和粗粒黑胡椒。将橄榄油、大蒜和红辣椒倒入平底锅中，开小火煸炒。

2 加入竹荚鱼

当大蒜炒出香味时，将竹荚鱼带皮的一面朝下放入锅中。煸炒至略微变色后，翻面继续煸炒。

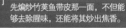
窍门 先煸炒竹荚鱼带皮那一面，不但能够去除腥味，还能将其炒出焦香。

3 加入白葡萄酒和煮面汤汁

竹荚鱼两面都煎得变色后，加入白葡萄酒煮30秒左右。接着加入煮面汤汁，继续翻炒至有些发白的状态。关火。

窍门 加入白葡萄酒后，做出的酱汁味道会更有层次感。

4 加入意大利面装盘完成

注意翻炒时不要将竹荚鱼弄碎

意大利面煮好后，马上开火加热3并用夹子略微搅拌（中火）。加入沥干水分的意大利面，用夹子搅拌，使酱汁与意大利面混合均匀。加入香菜，略微搅拌。尝一下意大利面的味道，酌情加入一些盐和粗粒黑胡椒，搅拌均匀后装盘。

在家中体验正宗意大利餐厅的味道。

墨鱼汁意大利面

来自清美老师
的小建议

一般意大利餐厅会采用纹用墨鱼的汁来制作这款墨鱼汁意大利面，不过纹甲墨鱼汁
很难买到，所以这次就给大家介绍一款用普通墨鱼汁制作的意大利面，在酱汁中融
入蔬菜的甜味，也是制作这款意大利面的要点之一。

材料（2人份）

意大利面（意大利扁面→P6）… 160g
酱状墨鱼汁（市面上买到的）…… 2g
番茄………………………1个（150g）
大蒜…………………………………1瓣
红辣椒………………………………1个
洋葱…………………………⅓个（50g）
莳萝…………………………………适量
橄榄油……………………………3大匙
白葡萄酒…………………………1大匙
煮面汤汁…………………………2大匙
盐、粗粒黑胡椒………………各少许

烹调时间 ＊ 30分钟

食材小贴士

莳萝
伞形科植物。香味非常独特。除了制作意大利面之外，还常用于给肉类料理和鱼类料理调味。

酱状墨鱼汁
将墨鱼汁制作成酱状并加入盐等进行调味。使用分量请参考包装上的标示。

准备工作

1. 将3L水和1大匙半盐（都为分量外）倒入大锅中，开大火加热。

2. 红辣椒去掉蒂和籽后，在温水中浸泡15分钟，取出后沥干水分（→P9）。

3. 番茄去蒂，用刀在底部轻轻划出十字切口。

4. 洋葱和大蒜（→P9）切碎末。

制作方法

将番茄放入热水中煮至切口略微裂开的状态

1 煮番茄并剥皮

煮意大利面的热水沸腾后，以蒂朝下的状态放入番茄，煮20秒左右。捞出番茄，将其放入冷水中冷却，剥皮。切成1cm的方块。

开始煮意大利面（→P10~11）。

2 煸炒大蒜、红辣椒和洋葱，加入番茄

将橄榄油、大蒜、红辣椒和洋葱倒入平底锅中，开小火煸炒。当大蒜炒出香味时，改中火，加入1。

窍门　洋葱要炒至略微变色，这样本身的甜味就会出来。

3 翻炒

用木铲不停翻炒，使番茄和其他食材融合。

4 加入墨鱼汁、白葡萄酒和煮面汤汁

加入酱状墨鱼汁、白葡萄酒，略微搅拌。接着加入煮面汤汁，画圈搅拌后关火。

5 加入意大利面装盘完成

意大利面煮好后，马上开火加热4中做好的酱汁并用夹子略微搅拌（中火）。加入沥干水分的意大利面，用夹子搅拌，使酱汁与意大利面混合均匀。尝一下意大利面的味道，酌情加入一些盐和粗粒黑胡椒，搅拌均匀后装盘，撒上莳萝。

窍门　黑色的墨鱼汁即使糊了也不易察觉，翻炒时一定要多加注意。

起源于意大利利古里亚州热那亚市的意大利面。

热那亚青酱意大利面

来自清美老师的
小建议

用罗勒、松子和帕尔玛干酪等制成的热那亚风味酱汁，能保存的时间较长，
推荐大家一次性制作出2~3倍的量。除了制作意大利面之外，这款酱汁还可
以用来搭配面包或制作烤鱼。

材料（2人份）

意大利面（意大利细面→P6）···160g

热那亚青酱*（完成后约140g）

┌ 罗勒（→P23）··· 5~6根（净重25~30g）

│ 帕尔玛干酪（→P25）········· 30g

│ 大蒜 ···················· 1瓣

│ 松子 ···················· 25g

│ 盐 ···················· ⅓小匙

└ 橄榄油 ···················· ¼杯

粗粒黑胡椒·············· 适量

*制作时也可以使用搅拌机。只要直接将所有食材加入搅
拌机，搅拌到细腻光滑的状态即可。

烹调时间 ∗ **25分钟**

食材小贴士 松子
朝鲜五叶松的种子。特
点是口感较软，有很浓
的香味。炒熟后还可以
放到沙拉中当配菜。

准备工作

1. 将3L水和1大匙半盐（都为分量外）倒
入大锅中，开大火加热。

2. 将松子放入平底锅用小火翻炒，炒
至略微变色。

窍门 炒过的松子会带有一种特殊的焦
香。如果炒过头，松子会发苦，
这点要多注意。

3. 将帕尔玛干酪切成3~4块。

4. 将大蒜切成4块（横向、纵
向对半切开）。

5. 摘下罗勒
的叶子。

多做出一些酱汁保存起来，使用更方便

如果能一次性做出2~3倍的
量保存起来，之后使用时就
会很方便。做好的酱汁要放
入能密封的瓶子中，然后加
入正好没过酱汁的橄榄油，
拧紧后放入冰箱冷藏。保存
时间约为2个月。

制作方法

 开始煮意大利面
（→P10~11）。

1 将材料放入食品料理机

将罗勒、帕尔玛干酪、
大蒜、松子和盐放入食
品料理机。

2 加入橄榄油

分3~4次加入橄榄油，每
次加入后都要打开机器
搅拌。

窍门 为了使所有食材完全融合，要
分次少量地加入橄榄油，一边
搅拌一边观察混合情况。

要搅拌到细腻
光滑为止！

3 继续搅拌

每搅拌一次后，用橡胶
铲将贴在食品料理机侧
面的食材刮下来，然后
再加入少量橄榄油，继
续搅拌。当搅拌到细腻
光滑的状态后，将其转
移到大碗中。

4 加入意大利面

沥干意大利面水分后，将
其加入3的碗中。

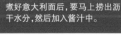

窍门 煮好意大利面后，要马上捞出沥
干水分，然后加入酱汁中。

5 装盘完成

用夹子搅拌，使酱汁与意
大利面混合均匀。按照
喜好加入适量黑胡椒，搅
拌后装盘。

入口即化的土豆，搭配鲜绿色的扁豆。

土豆扁豆青酱面

材料（2 人份）

意大利面（意大利扁面→P6） …… 160g

热那亚青酱（→P43）………… 约140g

土豆* …………………… 2小个（150g）

扁豆……………………… 8根（80g）

粗粒黑胡椒………………………… 适量

*要选用不容易煮化的土豆。

烹调时间 ＊ **25分钟**

准备工作

1. 将3L水和1大匙半盐（都为分量外）倒入大锅中，开大火加热。

2. 制作热那亚青酱。

3. 土豆去皮，切成厚1cm的片状。

4. 扁豆去蒂，切成5cm长的小段。

制作方法

 开始煮意大利面（→P10~11）。

1 准备青酱

将热那亚青酱倒入一个大碗中。

2 煮土豆和扁豆

在意大利面煮好前4分钟，将土豆和扁豆加入锅中一起煮。

3 装盘完成

沥干2的水分，加入1中，用夹子搅拌，使酱汁与意大利面混合均匀。按照喜好加入适量黑胡椒，搅拌后装盘。

窍门
搅拌时注意不要把土豆弄碎。

生火腿的咸味和香味，使整体味道更上一层楼。

生火腿花椰菜青酱面

材料（2人份）	
意大利面（螺旋面→P7）	160g
热那亚青酱（→P43）	约140g
生火腿	5片（50g）
花椰菜	150g
粗粒黑胡椒	少许

烹调时间 ＊ 25分钟

食材小贴士

生火腿
让猪的大腿肉自然熟成的肉类。产自意大利的品种被称为"Prosciutto"。除了意大利面之外，还可以直接食用或当做沙拉的配料。

准备工作

1. 将3L水和1大匙半盐（都为分量外）倒入大锅中，开大火加热。

2. 制作热那亚青酱。

3. 花椰菜掰开。

4. 生火腿切成一口大小。

制作方法

开始煮意大利面（→P10~11）。

1 准备青酱和生火腿

将热那亚青酱和生火腿倒入一个大碗中。

2 煮花椰菜

意大利面煮好前4分钟，将花椰菜加入锅中一起煮。

窍门　意大利面煮得差不多时再加入花椰菜，这样花椰菜口感就会比较硬。

3 装盘完成

沥干2的水分，加入1中，用夹子搅拌，使酱汁与意大利面混合均匀。按照喜好加入适量黑胡椒，搅拌后装盘。

酸甜可口的番茄干和罗勒搭配得天衣无缝。

番茄干罗勒油酱面

材料（ 2人份 ）

意大利面（意大利细面→P6 ）‧‧‧‧‧‧‧‧‧‧‧ 160g
番茄干‧‧‧‧‧‧‧‧‧‧‧‧‧‧‧‧‧‧‧‧‧‧‧‧‧‧‧‧‧‧‧‧‧‧30g
罗勒（→P23 ）‧‧‧‧‧‧‧‧‧‧‧‧‧‧‧‧‧‧‧‧‧‧‧‧‧1枝
大蒜‧‧‧‧‧‧‧‧‧‧‧‧‧‧‧‧‧‧‧‧‧‧‧‧‧‧‧‧‧‧‧‧‧‧‧1瓣
红辣椒‧‧‧‧‧‧‧‧‧‧‧‧‧‧‧‧‧‧‧‧‧‧‧‧‧‧‧‧‧‧‧‧‧1个
橄榄油‧‧‧‧‧‧‧‧‧‧‧‧‧‧‧‧‧‧‧‧‧‧‧‧‧‧‧‧‧‧‧3大匙
白葡萄酒‧‧‧‧‧‧‧‧‧‧‧‧‧‧‧‧‧‧‧‧‧‧‧‧‧‧‧‧‧1大匙
煮面汤汁‧‧‧‧‧‧‧‧‧‧‧‧‧‧‧‧‧‧‧‧‧‧‧‧‧‧‧‧‧2大匙
盐、粗粒黑胡椒‧‧‧‧‧‧‧‧‧‧‧‧‧‧‧‧‧‧‧‧‧各少许

烹调时间 ＊ **25分钟**

食材小贴士

番茄干
将意大利产的细长番茄露天风干制成的番茄干。风干后，番茄中的谷氨酸会浓缩，使味道变得更好。有全干和半干两种，泡发时间请参考包装袋上的标示。

准 备 工 作

1.

将3L水和1大匙半盐（都为分量外）倒入大锅中，开大火加热。

2. 红辣椒在温水中浸泡15分钟，取出后沥干水分。

3. 番茄干用热水泡发，挤干水分，每个切成2~3块。

4. 摘下罗勒的叶子，切成5mm的碎块。

5. 大蒜切碎末（→P9 ）。

制 作 方 法

开始煮意大利面（→P10~11 ）。

1 煸炒大蒜和红辣椒，加入番茄干

将橄榄油、大蒜和红辣椒倒入平底锅中，开小火煸炒。当大蒜炒出香味时，加入番茄干。

2 翻炒

用木铲快速翻炒。加入白葡萄酒煮30秒，再加入煮面汤汁，继续翻炒至有些发白的状态。关火。

窍门

快速翻炒，直到番茄干都沾上油为止。

3 加入意大利面装盘完成

意大利面煮好后，马上开火加热2并用夹子略微搅拌（中火）。加入沥干水分的意大利面，用夹子搅拌，使酱汁与意大利面混合均匀。尝一下意大利面的味道，酌情加入一些盐和粗粒黑胡椒，搅拌均匀后装盘，撒上罗勒。

加入足量的芝麻菜。
打造出经典美味。

生火腿芝麻菜油酱面

烹调时间 ＊ **25分钟**

食材小贴士

芝麻菜

别名火箭生菜。特点是具有芝麻一样的香味和水芹一样的苦味。除了意大利面，还可以做沙拉等的配菜。

准备工作

1. 将3L水和1大匙半盐（都为分量外）倒入大锅中，开大火加热。

2. 红辣椒在温水中浸泡15分钟，取出后沥干水分。

3. 切开芝麻菜的茎和叶，叶子切成5cm长，茎切成2cm长。

4. 大蒜切碎末（→P9）。

5. 生火腿切成一口大小。

制作方法

开始煮意大利面（→P10~11）。

1 煸炒大蒜和红辣椒

将橄榄油、大蒜和红辣椒倒入平底锅中，开小火煸炒。

2 加入白葡萄酒和煮面汤汁

当大蒜炒出香味时，加入白葡萄酒煮30秒左右。接着加入煮面汤汁，继续翻炒至有些发白的状态。煮开后，关火。

3 加入意大利面装盘完成

意大利面煮好后，马上开火加热2并用夹子略微搅拌（中火）。加入沥干水分的意大利面，用夹子搅拌，使酱汁与意大利面混合均匀。加入生火腿和芝麻菜，略微搅拌。尝一下味道，酌情加入一些盐和胡椒，搅拌均匀后装盘。

窍门
生火腿和芝麻菜要在最后放入，略微搅拌就可以了。

食材搭配完美。
打造入口即化的口感。

番茄奶酪意大利面

材料（2人份）

意大利面（意大利扁面→P6）	160g
番茄	2个（300g）
马苏里拉奶酪	50g
大蒜	1瓣
红辣椒	½个
罗勒（→P23）	2枝
橄榄油	3大匙
白葡萄酒	1大匙
煮面汤汁	2大匙
盐、粗粒黑胡椒	各少许

烹调时间 ＊ 30分钟

食材小贴士　马苏里拉奶酪
味道较淡的鲜奶酪。特点是加热后
会熔化、拉丝。最早是用水牛奶制
作而成，现在一般采用普通牛奶。
常用于制作披萨和焗饭等。

准备工作

1. 将3L水和1大匙半盐（都为分量外）倒入大锅中，开火加热。

2. 红辣椒去掉蒂和籽后，在温水中浸泡15分钟，取出后沥干水分，切成小段（→P9）。

3. 番茄去蒂，用刀在底部轻轻划出十字切口。

4. 罗勒和大蒜（→P9）切碎末。

5. 马苏里拉奶酪切成5mm宽的半月形。

制作方法

略微裂开的状态
番茄要煮至切口

1 煮番茄并剥皮

煮意大利面的热水沸腾后，以蒂朝下的状态放入番茄，煮20秒左右。番茄的切口裂开后，将其放入冷水中冷却，剥皮。纵向切成8等份。

　开始煮意大利面（→P10~11）。

2 煸炒大蒜和红辣椒，加入番茄

将橄榄油、大蒜和红辣椒倒入平底锅中，开小火煸炒。当大蒜炒出香味时，加入番茄，快速翻炒。

3 加入白葡萄酒、煮面汤汁和马苏里拉奶酪

加入白葡萄酒煮30秒左右。接着加入煮面汤汁，继续翻炒至有些发白的状态。加入马苏里拉奶酪，关火。

4 加入意大利面装盘完成

窍门 为了防止罗勒的香味流失，要等到关火后加入。

意大利面煮好后，马上开火加热3并用夹子略微搅拌（中火）。加入沥干水分的意大利面，用夹子搅拌，使酱汁与意大利面混合均匀。尝一下味道，酌情加入一些盐和粗粒黑胡椒并搅拌均匀。关火，撒上罗勒，装盘。

培根的特殊香味，
使意大利面变得更加美味。

培根芦笋意大利面

材料（2人份）

意大利面（意大利细面→P6）·············· 160g
培根（薄片状）·····················3片（60g）
芦笋·····························6根（250g）
大蒜·····································1瓣
红辣椒···································1个
橄榄油··································3大匙
白葡萄酒································1大匙
煮面汤汁································2大匙
盐、粗粒黑胡椒·························各少许

烹调时间 ＊ 25分钟

准备工作

1. 将3L水和1大匙半盐（都为分量外）倒入大锅中，开大火加热。

 2.红辣椒在温水中浸泡15分钟，取出后沥干水分。

3. 剥去芦笋根部7cm左右的皮，切成一口大小的滚刀块。

4. 大蒜横向切成薄片（→P9）。

5. 培根切成2cm长的小块。

制作方法

 开始煮意大利面（→P10~11）。

1 煸炒培根、大蒜和红辣椒

将橄榄油、培根、大蒜和红辣椒倒入平底锅中，开小火煸炒。

2 加入芦笋翻炒，再加入白葡萄酒和煮面汤汁

当大蒜炒出香味时，加入芦笋快速翻炒。接着按顺序加入白葡萄酒和煮面汤汁，继续翻炒至有些发白的状态。煮1~2分钟。

3 确认芦笋的状态

用竹签插一下芦笋，如果能很顺利地插入，就可以了。关火。

窍门 芦笋大小不同，需要煮的时间也不同，所以一定要用竹签确认。

4 加入意大利面装盘完成

意大利面煮好后，马上开火加热3并用夹子略微搅拌（中火）。加入沥干水分的意大利面，用夹子搅拌，使酱汁与意大利面混合均匀。尝一下味道，酌情加入一些盐并搅拌均匀。装盘，撒上粗粒黑胡椒。

49

章鱼切成碎块，更显嚼劲十足。

章鱼碎意大利面

材料（2人份）

意大利面（缎带面→P7）················ 160g
章鱼（煮好的章鱼腿）··············· 250g
洋葱································· ⅓个（50g）
大蒜······································· 1瓣
红辣椒····································· 1只
刺山柑··································· 1大匙
橄榄油··································· 3大匙
白葡萄酒································· 1大匙
煮面汤汁································· 2大匙
盐、粗粒黑胡椒························· 各少许

烹调时间 ＊ 25分钟

食材小贴士

刺山柑

刺山柑花蕾用盐腌好，去除多余盐分后浸泡在食醋中的加工品。能给料理增加酸味和特殊香味。经常被当做调料，用来腌制其他食材。

准备工作

1. 将3L水和1大匙半盐（都为分量外）倒入大锅中，开大火加热。

2. 红辣椒去掉蒂和籽后，在温水中浸泡15分钟，取出后沥干水分，切成小段（→P9）。

3. 洋葱和大蒜（→P9）切碎末。

4. 章鱼切成5mm的碎块。

制作方法

 开始煮意大利面（→P10~11）。

1 煸炒洋葱、大蒜和红辣椒

将橄榄油、洋葱、大蒜和红辣椒倒入平底锅中，开小火煸炒。

2 加入章鱼翻炒，再加入白葡萄酒和煮面汤汁

当大蒜炒出香味时，加入章鱼碎快速翻炒。章鱼碎全部沾上油后，加入白葡萄酒煮30秒左右。加入煮面汤汁，继续翻炒至有些发白的状态。

3 加入刺山柑

加入刺山柑，关火。

窍门 稍微加热，带出刺山柑的酸味。

4 加入意大利面 装盘完成

意大利面煮好后，马上开火加热3并用夹子略微搅拌（中火）。加入沥干水分的意大利面，用夹子搅拌，使酱汁与意大利面混合均匀。尝一下味道，酌情加入一些盐和粗粒黑胡椒，搅拌均匀后装盘。

在沾满油酱的意大利面上，放上烤好的蔬菜。

烤蔬菜油酱面

材料（2人份）

意大利面（意大利细面→P6）	160g
茄子	1个（80g）
灯笼椒（红）	1个（160g）
大蒜	1瓣
红辣椒	1个
百里香	1枝
橄榄油	3大匙
白葡萄酒	2大匙
煮面汤汁	2大匙
盐、胡椒	各少许

烹调时间 ＊30分

食材小贴士

百里香
紫苏科植物。特点是具有独特的香味。除了用于制作火腿、香肠等，也可以用来制作浓汤和酱汁。

准备工作

1.

将3L水和1大匙半盐（都为分量外）倒入大锅中，开大火加热。

2. 红辣椒在温水中浸泡15分钟，取出后沥干水分。

3. 茄子去蒂。

4. 大蒜横向切薄片（→P9）。

制作方法

1 烤茄子、灯笼椒

烧烤炉开稍大的中火预热后，放上茄子和彩椒，边翻动边烤。

2 剥皮

烤好后放入冷水中冷却，剥皮。茄子纵向切成两半，用竹签将中间的籽划开。灯笼椒也纵向切成两半，去籽后再切成1cm的块状。

窍门 在水中剥去蔬菜的皮，注意不要留下烤焦的部分

开始煮意大利面（→P10~11）。

3 煸炒大蒜和红辣椒，加入白葡萄酒和煮面汤汁

将橄榄油、大蒜和红辣椒倒入平底锅中，开小火进行煸炒。为了让大蒜和红辣椒浸入油里，要不时倾斜平底锅。当大蒜炒出香味时，调成中火，加入白葡萄酒煮30秒左右。加入煮面汤汁，继续翻炒至有些发白的状态。关火。

4 加入意大利面装盘完成

意大利面煮好后，马上开火加热3并用夹子略微搅拌（中火）。加入沥干水分的意大利面，用夹子搅拌，使酱汁与意大利面混合均匀。尝一下味道，酌情加入一些盐和胡椒，搅拌均匀后装盘。放上2和对半切开的百里香。

突出鳗鱼鲜味的美味意大利面。

春季蔬菜意大利面

材料（2人份）	
意大利面（意大利细面→P6）	160g
豌豆	8个
新洋葱	½个（80g）
大蒜	1瓣
红辣椒	1只
鳗鱼（腌制过的→P37）	2片
帕尔玛干酪（→P25）	5g
橄榄油	3大匙
白葡萄酒	1大匙
煮面汤汁	2大匙
盐、粗粒黑胡椒	各少许

烹调时间 ＊ **25分钟**

准备工作

1. 将3L水和1大匙半盐（都为分量外）倒入大锅中，开大火加热。

2. 红辣椒在温水中浸泡15分钟，取出后沥干水分。

3. 豌豆去筋，斜向切成两半。

4. 新洋葱纵向切成两半，再切成8等份。

5. 大蒜横向切成薄片（→P9）。

6. 帕尔玛干酪磨碎备用。

制作方法

开始煮意大利面（→P10~11）。

1 煸炒大蒜和红辣椒

将橄榄油、大蒜、红辣椒和鳗鱼倒入平底锅中，开小火煸炒。这个过程中要用木铲将鳗鱼碾碎。为了让大蒜和红辣椒浸入油里，要不时倾斜平底锅。

2 加入豌豆、新洋葱翻炒，再加入白葡萄酒和煮面汤汁

当大蒜炒出香味时，改中火，加入豌豆和新洋葱翻炒。接着加入白葡萄酒，煮30秒左右。加入煮面汤汁，继续翻炒至有些发白的状态。煮开后关火。

窍门 质地较软的新洋葱，稍微炒一下就可以了。

3 加入意大利面装盘完成

意大利面煮好后，马上开火加热2并用夹子略微搅拌（中火）。加入沥干水分的意大利面，用夹子搅拌，使酱汁与意大利面混合均匀。尝一下味道，酌情加入一些盐和粗粒黑胡椒，搅拌均匀后装盘。撒上帕尔玛干酪。

切成大块的3种蔬菜，颜色鲜艳又美味。

夏季蔬菜意大利面

材料（2人份）

意大利面（意大利细面→P6）··············	160g
灯笼椒（黄）·············	½个（80g）
西葫芦··············	½根（80g）
茄子··············	1个（80g）
大蒜··············	1瓣
红辣椒··············	1个
橄榄油··············	3大匙
盐··············	适量
白葡萄酒··············	1大匙
煮面汤汁··············	2大匙
粗粒黑胡椒··············	少许

烹调时间 ＊ 25分钟

准备工作

1.

将3L水和1大匙半盐（都为分量外）倒入大锅中，开火加热。

2. 红辣椒在温水中浸泡15分钟，取出后沥干水分。

3. 灯笼椒去蒂去籽，切成边长1.5cm的方块。

4. 西葫芦去蒂，切成厚1.5cm的块状。

5. 茄子去蒂，切成厚1.5cm的块状。

6. 大蒜横向切成薄片（→P9）。

制作方法

开始煮意大利面（→P10~11）。

1 煸炒大蒜和红辣椒，加入茄子和西葫芦

将橄榄油、大蒜和红辣椒倒入平底锅中，开小火煸炒。为了让大蒜和红辣椒浸入油里，要不时倾斜平底锅。当大蒜炒出香味时，加入茄子和西葫芦。

2 撒盐

撒少许盐，快速翻炒。

窍门
加盐后，蔬菜里的水分就会析出来，更容易炒软。

3 加入灯笼椒翻炒，再加入白葡萄酒和煮面汤汁

加入灯笼椒，快速翻炒。加入白葡萄酒煮30秒左右。接着加入煮面汤汁，继续翻炒至有些发白的状态。关火。

4 加入意大利面装盘完成

意大利面煮好后，马上开火加热3并用夹子略微搅拌（中火）。加入沥干水分的意大利面，用夹子搅拌，使酱汁与意大利面混合均匀。尝一下味道，酌情加入少许盐和粗粒黑胡椒，搅拌均匀后装盘。

在酱汁中加入碾碎的西兰花，打造绝妙美味。

西兰花油酱面

材料（2人份）

意大利面（意大利细面→P6）··········· 160g
西兰花················· 1颗（净重150g）
大蒜··················· 1瓣
红辣椒················· 1个
帕尔玛干酪（→P25）··········· 10g
橄榄油··················· 3大匙
白葡萄酒················· 1大匙
煮面汤汁················· 2大匙
盐、粗粒黑胡椒··········· 各少许

烹调时间 * **25分钟**

准备工作

1. 将3L水和1大匙半盐（都为分量外）倒入大锅中，开大火加热。

2. 红辣椒去掉蒂和籽后，在温水中浸泡15分钟，取出后沥干水分，切成小段（→P9）。

3. 西兰花掰开，然后纵向切成两半。

4. 大蒜切成碎末（→P9）。

5. 帕尔玛干酪磨碎备用。

制作方法

 开始煮意大利面（→P10~11）。

1 煮西兰花

意大利面煮好前4分钟，将西兰花加入锅中一起煮。

2 煸炒大蒜和红辣椒

将橄榄油、大蒜和红辣椒倒入平底锅中，开小火煸炒。当大蒜炒出香味时，加入白葡萄酒煮30秒左右。加入煮面汤汁，继续翻炒至有些发白的状态。关火。

3 加入意大利面 装盘完成

意大利面煮好后，马上开火加热2并用夹子略微搅拌（中火）。加入沥干水分的意大利面和西兰花，用夹子搅拌，使酱汁与意大利面混合均匀。尝一下味道，酌情加入一些盐和粗粒黑胡椒，搅拌均匀后装盘。撒上帕尔玛干酪。

窍门
搅拌时要用夹子将西兰花碾碎。

炒过的乌贼，跟酸酸的橄榄是绝配。

乌贼橄榄油酱面

材料（2人份）

意大利面（意大利细面→P6）	160g
乌贼	1只（200g）
绿橄榄（去籽）	8颗
大蒜	1瓣
红辣椒	1个
橄榄油	3大匙
盐、粗粒黑胡椒	各适量
白葡萄酒	1大匙
煮面汤汁	2人匙

烹调时间 ＊ 25分钟

食材小贴士 绿橄榄
用盐腌过的橄榄树果实。绿橄榄使用的是没熟透的橄榄，黑橄榄使用的则是熟透的橄榄（→P56）。除了意大利面外，还常用于制作沙拉和炖菜等。

准备工作

1.

将3L水和1大匙半盐（都为分量外）倒入大锅中，开大火加热。

2. 红辣椒在温水中浸泡15分钟，取出后沥干水分。

3. 绿橄榄横向切成两半。

4. 大蒜横向切成薄片（→P9）。

5. 乌贼去除内脏，用水洗净，再去除软骨。身体部分切成环形，腿部切成方便食用的大小。

制作方法

开始煮意大利面（→P10~11）。

1 煸炒大蒜和红辣椒，加入乌贼

将橄榄油、大蒜和红辣椒倒入平底锅中，开小火煸炒。为了让大蒜和红辣椒浸入油里，要不时倾斜平底锅。当大蒜炒出香味时，加入乌贼。

2 加入盐、粗略黑胡椒、白葡萄酒和煮面汤汁

快速翻炒后加入少许盐和粗粒黑胡椒。加入白葡萄酒煮30秒左右。接着加入煮面汤汁，继续翻炒至有些发白的状态。关火。

窍门
为了防止乌贼味道流失，要加入盐和黑胡椒。

3 加入意大利面装盘完成

意大利面煮好后，马上开火加热2并用夹子略微搅拌（中火）。加入绿橄榄和沥干水分的意大利面，用夹子搅拌，使酱汁与意大利面混合均匀。尝一下味道，酌情加入少许盐和粗粒黑胡椒，搅拌均匀后装盘。

切碎的茄子+橄榄，打造出上乘口味。

茄子橄榄意大利面

材料（2人份）

意大利面（意大利细面→P6）	160g
茄子	3个（250g）
黑橄榄（去籽）	8颗
大蒜	1瓣
橄榄油	3大匙
盐	适量
白葡萄酒	1大匙
煮面汤汁	2大匙
粗粒黑胡椒	适量

烹调时间 ＊ 25分钟

食材小贴士

黑橄榄

用盐腌过的橄榄树果实。黑橄榄使用的是熟透的橄榄，绿橄榄使用的是没熟透的橄榄（→P55）。除了制作意大利面外，黑橄榄还可以直接当做下酒菜。

准备工作

1. 将3L水和1大匙半盐（都为分量外）倒入大锅中，开大火加热。

2. 大蒜切成碎末（→P9）。

3. 黑橄榄沥干汁液，切成5mm的碎块。

4. 茄子去蒂，切成5mm的碎块。

制作方法

 开始煮意大利面（→P10~11）。

1 煸炒大蒜和茄子

将橄榄油、大蒜和茄子倒入平底锅中，撒少许盐，开中火煸炒。

> 窍门
> 加盐一起炒，茄子里的水分就会出来，更容易炒软。

> 2分后

炒2分钟左右，当茄子变软且稍微变色时，就可以了。

2 加入黑橄榄、白葡萄酒和煮面汤汁

加入黑橄榄和白葡萄酒煮30秒左右。接着加入煮面汤汁，继续翻炒至有些发白的状态。尝一下味道，酌情加入少许盐和粗粒黑胡椒，充分搅拌后关火。

3 装盘完成

沥干意大利面水分，用夹子分成4份并分别弄成团状，放入盘中。将2倒在意大利面上，撒上少许黑胡椒。

培根中炒出的油脂，让酱汁味道更上一层楼。

迷你番茄培根意大利面

材料（2人份）

意大利面（螺旋面→P7）·················	160g
迷你番茄（最好用稍长的红色小番茄）···	10个
意大利培根（块状*→P25）················	50g
大蒜··············	1瓣
红辣椒··············	1个
香芹··············	8枝
橄榄油··············	3大匙
白葡萄酒··············	1大匙
煮面汤汁··············	2大匙
盐、粗粒黑胡椒··············	各少许

*使用碎的黑胡椒也可以。

烹调时间 ＊ 25分钟

准备工作

1. 将3L水和1大匙半盐（都为分量外）倒入大锅中，开大火加热。

2. 红辣椒在温水中浸泡15分钟，取出后沥干水分。

3. 迷你番茄去蒂，纵向切成两半。

4. 香芹切碎。

5. 大蒜横向切成薄片（→P9）。

6. 意大利培根切成边长为5mm的长条状。

制作方法

 开始煮意大利面（→P10~11）。

1 煸炒意大利培根、大蒜和红辣椒

将橄榄油、意大利培根、大蒜和红辣椒倒入平底锅中，开小火煸炒。

2 加入迷你番茄

当大蒜炒出香味、意大利培根变硬时，改中火，加入迷你番茄。

3 加入白葡萄酒和煮面汤汁

用木铲快速翻炒。加入白葡萄酒煮30秒左右。接着加入煮面汤汁，继续翻炒至有些发白的状态。关火。

窍门 要炒到迷你番茄切口处的皮略微变皱为止。

4 加入意大利面装盘完成

意大利面煮好后，马上开火加热3并用夹子略微搅拌（中火）。加入沥干水分的意大利面，用夹子搅拌，使酱汁与意大利面混合均匀。尝一下味道，酌情加入一些盐和粗粒黑胡椒。加入香芹，搅拌均匀后装盘。

人气食材齐聚一堂，味道一定妙不可言。

鲜虾牛油果意大利面

材料（2人份）	
意大利面（意大利细面→P6）	160g
带壳鲜虾	10只（300g）
牛油果	1个（200g）
大蒜	1瓣
红辣椒	1个
柠檬（国产）	适量
橄榄油	3大匙
盐、粗粒黑胡椒	各适量
白葡萄酒	1大匙
煮面汤汁	2大匙

烹调时间 ＊ **25分钟**

准备工作

1. 将3L水和1大匙半盐（都为分量外）倒入大锅中，开大火加热。

2. 红辣椒去掉蒂和籽后，在温水中浸泡15分钟，取出后沥干水分（→P9）。

3. 牛油果纵向切开，去皮去核，切成一口大小。

4. 大蒜切碎末（→P9）。

5. 取少许柠檬皮，磨碎。剩余的榨出1大匙柠檬汁备用。

6. 鲜虾去壳，剔掉背部的肠线，在背部划出切口。

制作方法

开始煮意大利面（→P10~11）。

1 煸炒大蒜和红辣椒，加入鲜虾

将橄榄油、大蒜和红辣椒倒入平底锅中，开小火煸炒。当大蒜炒出香味时，改中火，加入鲜虾并快速翻炒。虾变红后，加入少许盐和粗粒黑胡椒。

2 加入牛油果和柠檬汁

按顺序加入牛油果、柠檬汁和白葡萄酒，煮30秒左右。加入煮面汤汁，继续翻炒至有些发白的状态。关火。

窍门 用柠檬汁增加酸味和香味。

3 加入意大利面装盘完成

意大利面煮好后，马上开火加热2并用夹子略微搅拌（中火）。加入沥干水分的意大利面，用夹子搅拌，使酱汁与意大利面混合均匀。尝一下味道，酌情加入少许盐和粗粒黑胡椒，搅拌均匀后装盘，撒上柠檬皮。

又软又甜的虾夷扇贝，带来上等的口感。

虾夷扇贝香葱意大利面

材料（ 2 人份）

意大利面（意大利极细面→P6）	160g
虾夷扇贝（刺身用）	5个
香葱	适量
大蒜	1瓣
红辣椒	1个
盐	适量
胡椒	少许
橄榄油	3大匙
白葡萄酒	1大匙
煮面汤汁	2大匙
粗粒黑胡椒	少许

烹调时间 ＊ **25分钟**

食材小贴士

香葱
长到5~6cm的青葱。常用于制作沙拉
和寿司。

准备工作

1. 将3L水和1大匙半盐
（都为分量外）倒入大
锅中，开大火加热。

2. 红辣椒去掉蒂和籽后，在
温水中浸泡15分钟，取出后沥
干水分，切成小段（→P9）。

3. 切去香葱根部。

4. 大蒜切碎末（→P9）。

5. 虾夷扇贝横向切成3~4等份。

制作方法

 开始煮意大利面
（→P10~11）。

1 煸炒大蒜和红辣椒，加入虾夷扇贝

在虾夷扇贝上撒少许盐和
胡椒。将橄榄油、大蒜和
红辣椒倒入平底锅中，开
小火煸炒。当大蒜炒出香
味时，改中火，加入虾夷
扇贝快速翻炒。

2 加入白葡萄酒和煮面汤汁

加入白葡萄酒煮30秒左
右。接着加入煮面汤汁，
继续翻炒至有些发白的状
态。关火。

窍门 虾夷扇贝炒过头容易变
硬，一定要多加注意。

3 加入意大利面装盘完成

意大利面煮好后，马上开
火加热2并用夹子略微搅
拌（中火）。加入沥干水
分的意大利面，用夹子搅
拌，使酱汁与意大利面混
合均匀。尝一下味道，酌
情加入少许盐和粗粒黑胡
椒，搅拌均匀后装盘，撒
上香葱。

用现成食材马上就能做好的美味意大利面。

蟹肉芹菜意大利面

材料（2人份）

意大利面（意大利极细面→P6）	160g
蟹肉（罐头）	1大罐（120g）
芹菜	1根（50g）
大蒜	1瓣
红辣椒	1个
橄榄油	3大匙
白葡萄酒	1大匙
煮面汤汁	2大匙
盐、胡椒	各少许

烹调时间 ＊ 25分钟

准备工作

1. 将3L水和1大匙半盐（都为分量外）倒入大锅中，开大火加热。

2. 红辣椒在温水中浸泡15分钟，取出后沥干水分。

3. 切下芹菜叶。去掉芹菜杆上的筋，斜刀切成5mm长的小段。

4. 大蒜横向切薄片（→P9）。

制作方法

 开始煮意大利面（→P10~11）。

1 煸炒大蒜和红辣椒，加入芹菜杆

将橄榄油、大蒜和红辣椒倒入平底锅中，开小火煸炒。为了让大蒜和红辣椒浸入油里，要不时倾斜平底锅。当大蒜炒出香味时，改中火，加入芹菜快速翻炒。

2 加入蟹肉

将蟹肉罐头连汁一起加入锅中，再加入白葡萄酒，煮30秒左右。接着加入煮面汤汁，继续翻炒至有些发白的状态。关火。

窍门 味道鲜美的罐头汁也要一起加入。

3 加入意大利面 装盘完成

意大利面煮好后，马上开火加热2并用夹子略微搅拌（中火）。加入沥干水分的意大利面，用夹子搅拌，使酱汁与意大利面混合均匀。尝一下味道，酌情加入一些盐和胡椒，搅拌均匀后装盘，放上芹菜叶。

一边夹碎大块沙丁鱼一边享用意大利面吧。

沙丁鱼油酱面

材料（2人份）

意大利面（意大利细面→P6）……………	160g
沙丁鱼（罐头）…………………	1罐（110g）
大蒜…………………………………	1瓣
红辣椒……………………………………	1个
莳萝（→P41）…………………………	适量
橄榄油…………………………………	3大匙
白葡萄酒………………………………	1大匙
煮面汤汁………………………………	2大匙
盐、粗粒黑胡椒………………………	各少许

烹调时间 * 25分钟

准备工作

1. 将3L水和1大匙半盐（都为分量外）倒入大锅中，开大火加热。

2. 红辣椒去掉蒂和籽后，在温水中浸泡15分钟，取出后沥干水分，切成小段（→P9）。

3. 大蒜横向切成薄片（→P9）。

制作方法

开始煮意大利面（→P10~11）。

1 煸炒大蒜和红辣椒

将橄榄油、大蒜和红辣椒倒入平底锅中，开小火煸炒。为了让大蒜和红辣椒浸入油里，要不时倾斜平底锅。

2 加入沙丁鱼

当大蒜炒出香味时，改中火，将沙丁鱼罐头连汁一起加入锅中。煎完沙丁鱼的两面后，加入白葡萄酒煮30秒左右。接着加入煮面汤汁，继续翻炒至有些发白的状态。关火。

窍门 沙丁鱼罐头里的汁也要一起加入，用来当做煸炒食材的油。

3 加入意大利面

意大利面煮好后，马上开火加热2并用夹子略微搅拌（中火）。加入沥干水分的意大利面，用夹子搅拌，使酱汁与意大利面混合均匀。尝一下味道，酌情加入一些盐和粗粒黑胡椒，搅拌均匀。

4 撒上莳萝

装盘，撒上莳萝。

猪肝浓厚的味道会马上在口中扩散开来。

菠菜猪肝意大利面

材料（2人份）	
意大利面（意大利扁面→P6）	160g
猪肝	150g
菠菜	½把（150g）
大蒜	1瓣
红辣椒	1个
牛奶（腌制肝脏用）	2大匙
盐、粗粒黑胡椒	各适量
橄榄油	3大匙
白葡萄酒	1大匙
煮面汤汁	2大匙

烹调时间 ＊ 25分钟

准备工作

1. 将3L水和1大匙半盐（都为分量外）倒入大锅中，开大火加热。

2. 红辣椒在温水中浸泡15分钟，取出后沥干水分。

3. 猪肝片成薄片后切成方便食用的大小，放入牛奶中腌制5分钟左右。

3. 菠菜切成4~5cm长。

4. 大蒜切碎末（→P9）。

制作方法

 开始煮意大利面（→P10~11）。

1 煸炒大蒜和红辣椒，加入猪肝

沥干猪肝上的汁水，撒上少许盐和粗粒黑胡椒。将橄榄油、大蒜和红辣椒倒入平底锅中，开小火煸炒。当大蒜炒出香味时，改中火并加入猪肝，将猪肝两面都煎一遍。

2 加入白葡萄酒

加入白葡萄酒，盖上锅盖煮30秒左右。

窍门 当猪肝两面都煎得变色时，就是加入白葡萄酒的最好时机。

3 加入菠菜

加入菠菜，快速翻炒。加入煮面汤汁，继续翻炒至有些发白的状态。关火。

4 加入意大利面装盘完成

意大利面煮好后，马上开火加热3并用夹子略微搅拌（中火）。加入沥干水分的意大利面，用夹子搅拌，使酱汁与意大利面混合均匀。尝一下味道，酌情加入少许盐和粗粒黑胡椒，搅拌均匀后装盘。

生萨拉米柔软的口感是重点。

萨拉米油酱面

材料（2人份）

意大利面（意大利细面→P6）	160g
生萨拉米	5片（75g）
紫甘蓝*	4片（120g）
大蒜	1瓣
红辣椒	1个
橄榄油	3大匙
白葡萄酒	1大匙
煮面汤汁	2大匙
盐、粗粒黑胡椒	各少许

＊紫色的大叶蔬菜。可以用菊苣（120g）代替。

烹调时间 ＊ 25分钟

食材小贴士　生萨拉米

没有经过加热处理的萨拉米。生萨拉米的制作方法是，将盐、香料、猪油等加入猪肉馅中，在低温下烟熏，然后干燥而成。特征是口感很软。

准备工作

1. 将3L水和1大匙半盐（都为分量外）倒入大锅中，开大火加热。

2. 红辣椒在温水中浸泡15分钟，取出后沥干水分。

3. 紫甘蓝切成3~4cm的方形。

4. 大蒜切碎末（→P9）。

5. 萨拉米切成宽5mm的长条。

制作方法

开始煮意大利面（→P10~11）。

1 煸炒大蒜和红辣椒，加入生萨拉米和紫甘蓝

将橄榄油、大蒜和红辣椒倒入平底锅中，开小火煸炒。当大蒜炒出香味时，调成中火，加入生萨拉米和紫甘蓝，快速翻炒。

窍门
生萨拉米和紫甘蓝只需稍微翻炒几下就可以了。

2 加入白葡萄酒和煮面汤汁

加入白葡萄酒煮30秒左右。接着加入煮面汤汁，继续翻炒至有些发白的状态。关火。

3 加入意大利面装盘完成

意大利面煮好后，马上开火加热2并用夹子略微搅拌（中火）。加入沥干水分的意大利面，用夹子搅拌，使酱汁与意大利面混合均匀。尝一下味道，酌情加入一些盐和粗粒黑胡椒，搅拌均匀后装盘。

来源于意大利"卡布里岛"的沙拉。
使用的食材有马苏里拉奶酪、番茄和罗勒。

卡布里沙拉

材料（2人份）

马苏里拉奶酪·····························50g
番茄···································1个
罗勒··································适量
橄榄油································1大匙
盐、粗粒黑胡椒························各少许

制作方法   烹调时间 * **15分钟**

1 番茄去蒂，用刀在底部轻轻划出十字切口。锅中烧开热水，以蒂朝下的状态放入番茄，煮20秒左右，捞出后过冷水，剥皮。纵向切成两半，再切成5mm大小。

2 马苏里拉奶酪切成宽5mm的半月形。

3 将1、2摆到盘中，撒上罗勒叶、橄榄油，再撒一些盐和粗粒黑胡椒。

简单几下就能做好的意大利风格刺身。

生鲷鱼刺身

材料（2人份）

鲷鱼（刺身用）·····················150g
洋葱·····························⅓个（50g）
芝麻菜（→P47）······················适量
调味汁
   ┌ 醋、橄榄油····················各2大匙
   │ 盐·························⅓小匙
   └ 粗粒黑胡椒·····················少许

制作方法   烹调时间 * **10分钟**

1 洋葱纵向切成细丝。在水里冲洗一下，洗去辣味，挤干水分备用。

2 鲷鱼切成7mm厚的片状。

3 将2放到盘中，撕碎1和芝麻菜，撒在上面。将调味汁搅拌均匀，浇到盘中。

新鲜蔬菜直接蘸上热热的鳀鱼酱汁食用。

意式蔬菜热蘸酱

材料（2人份）

灯笼椒（红、黄）…………………………………… 各¼个
芹菜………………………………………………… 适量
热蘸酱
┌ 鳀鱼（腌制过的→P37）…………………………… 3片
│ 大蒜 …………………………………………………… 3瓣
│ 橄榄油 ………………………………………………… 4大匙
└ 盐、粗粒黑胡椒 ………………………………………… 各少许

制作方法 烹调时间 ＊ 15分钟

1 灯笼椒横向切成5~7mm宽的条状，芹菜切成方便食用的大小，装到盘中。

2 大蒜切去根部，包上保鲜膜，放到微波炉中加热1~2分钟，使其变软。稍微冷却一会儿，直接隔着保鲜膜压碎。

3 将橄榄油、2倒入一个较小的平底锅中，再加入鳀鱼。开小火煸炒，这个过程中用木铲碾碎大蒜和鳀鱼。炒出香味后，加盐继续翻炒。将炒好的酱倒入碗里，撒上粗粒黑胡椒，最后放到装1的盘中。

带有白葡萄酒酸味和柔和甜味的茄子，是正宗的意大利美食。

意式炖茄子

材料（2人份）

茄子………… 3个（250g）
大蒜………………… 1瓣
百里香………………… 适量

┌ 白葡萄酒 ………… ½杯
A │ 蜂蜜 ………… 1大匙
└ 盐 ………… ⅓小匙
粗粒黑胡椒………… 适量
橄榄油………… 2大匙

烹调时间 ＊ 15分钟（除去冷却时间）

制作方法

1 茄子去蒂，切成一口大小的滚刀块。大蒜纵向对切开，去掉中间的芯，用刀背压碎。

2 将1、百里香倒入平底锅中，再加入A，开中火加热。翻炒4~5分钟，把汁都收完。

3 将2放入密封容器中，撒上粗粒黑胡椒，浇上橄榄油。表面盖一层保鲜膜，待其冷却，使味道变得更加浓郁。如果放入冰箱冷藏，味道会更好。

橄榄油和大蒜的香味使番茄的酸味显得更加突出。

番茄烤面包片

材料（2人份）

法棍面包（切成1cm厚的片状）…………………	6片
番茄………………………………………………	1个
蒜末………………………………………………	½小匙
意大利香芹（如果有的话→P35）……………	适量
橄榄油……………………………………………	适量
盐、粗粒黑胡椒…………………………………	各少许

制作方法　　　　　　　　　　烹调时间 * **15分钟**

1　番茄去蒂，用刀在底部轻轻划出十字切口。锅中烧开热水，以蒂朝下的状态放入番茄，煮20秒左右，捞出后过冷水，剥皮。切成7mm左右厚的块状。

2　法棍面包放入多士炉烤3~4分钟。在一面刷上橄榄油，涂上蒜末。

3　将1放到2上，然后撒上意大利香芹、盐和粗粒黑胡椒，最后浇上少许橄榄油。

炒得焦黄的大蒜，与黑橄榄的酸味堪称绝配。

黑橄榄烤面包片

材料（2人份）

法棍面包（切成1cm厚的片状）…………………	6片
黑橄榄（→P56）………………………………	8颗
大蒜………………………………………………	1瓣
百里香（如果有的话→P51）…………………	适量
橄榄油……………………………………………	适量
盐、胡椒…………………………………………	各少许

制作方法　　　　　　　　　　烹调时间 * **15分钟**

1　大蒜横向切成薄片。将1大匙橄榄油和大蒜倒入平底锅中，开小火煸炒。当大蒜两面都炒成焦黄色时，将其捞出放到吸油纸上。橄榄油留下备用。

2　黑橄榄切成稍大的碎块。

3　法棍面包放入多士炉烤3~4分钟。在一面刷上1的橄榄油。

4　将1、2、百里香放到3上，撒上盐和胡椒，浇上少许橄榄油。

PART 2

鲜艳的色彩提升你的食欲
番茄酱意大利面

将番茄的甜味和营养全部融入酱汁中，
打造出绝妙的意大利面。
再配合其他食材的香味，
简直美味得让人欲罢不能。
请大家根据自己的喜好选择搭配鲜美的
海鲜或浓香的肉类吧。

海鲜番茄意大利面的原名"pescatora"，在意大利语中是"渔民风"的意思。

海鲜番茄意大利面

将多种海鲜组合起来，打造出这款美味的番茄意大利面。海鲜
的种类可以自由选择，不过为了让口感更加浓厚，最好加入文
蛤这样的贝类。除了文蛤之外，也可以使用花蛤、蛤蜊等。

材料（2人份）

意大利面（意大利细面→P6）…160g
番茄酱（→P18~22）…约300g
文蛤（去沙）………… 4小个（100g）
带壳鲜虾………………… 4只（120g）
枪乌贼………………… 1小只（100g）
大蒜………………………………… ½瓣
红辣椒………………………………… 1根
罗勒…………………………………… 1根
盐、胡椒………………………… 各适量
橄榄油……………………………… 2大匙
白葡萄酒…………………………… 1大匙

烹调时间 ＊25分钟

准备工作

1. 将3L水和1大匙半盐（都为分量外）倒入大锅中，开大火加热。

2. 制作番茄酱。

3. 红辣椒在温水中浸泡15分钟，取出后沥干水分。

4. 罗勒撕成2cm左右的方形。

5. 大蒜切碎末（→P9）。

6. 洗净文蛤的肉和壳后，沥干水分。

7. 鲜虾去壳，去掉背部的肠子，在背部划出切口。

8. 乌贼去除内脏，用水洗净，再去除软骨。身体部分切成环形，腿部切成方便食用的大小。

制作方法

开始煮意大利面（→P10~11）。

1 煸炒大蒜和红辣椒，加入海鲜

在虾、乌贼上撒上少许盐和胡椒。将橄榄油、大蒜和红辣椒倒入平底锅中，开小火煸炒。当大蒜炒出香味时，改中火，加入文蛤、虾和乌贼，快速翻炒。

> 窍门 通过翻炒，让大蒜和红辣椒的味道融入海鲜中。

虾变红后，加入白葡萄酒

2 加入白葡萄酒

海鲜稍微翻炒一下后，加入白葡萄酒煮30秒左右。

3 加入番茄酱

白葡萄酒煮开后，加入番茄酱，翻炒均匀。再次煮开，关火。

4 加入意大利面

意大利面煮好后，马上开火加热3（中火）。加入沥干水分的意大利面，用夹子搅拌，使酱汁与意大利面混合均匀。尝一下味道，酌情加入少许盐和胡椒，搅拌均匀。

> 窍门 要充分搅拌，使融入海鲜香味的酱汁均匀地沾到意大利面上。

5 装盘完成

意大利面装盘，平底锅中剩余的酱汁也要均匀地倒入盘中。撒上罗勒。

> 窍门 把大块海鲜放在中间，会显得更加丰盛。

源于意大利中部城市阿马特里切的著名意大利面。

培根番茄酱意大利面

来自清美老师的
小建议

这款由经典食材制作而成的意大利面，能充分突出番茄酱的美味，
意大利培根浓厚的香味跟番茄酱的甜味搭配，相得益彰。
完成时撒上大量帕尔玛干酪，使味道更具层次感。

意大利面（意大利细面→P6）… 160g
番茄酱（→P18~22）……… 约300g
意大利培根（片状→P25）3片（45g）
大蒜……………………… ½瓣
帕尔玛干酪（→P25）………… 10g
橄榄油…………………… 2大匙
白葡萄酒………………… 1大匙
盐、粗粒黑胡椒………… 各少许

烹调时间 ＊ **25分钟**（除去制作番茄酱的时间）

1. 将3L水和1大匙半盐（都为分量外）倒入大锅中，开大火加热。

2. 制作番茄酱。

3. 帕尔玛干酪磨碎备用。

4. 大蒜切碎末（→P9）。

5. 意大利培根切成5mm左右。

 窍门 为了翻炒时能充分吸收酱汁，要切得小一些。

用小火慢慢翻炒，直到意大利培根变成焦脆的状态为止

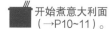 开始煮意大利面（→P10~11）。

1 煸炒大蒜和意大利培根

将橄榄油、大蒜和意大利培根倒入平底锅中，开小火煸炒。

2 加入白葡萄酒和番茄酱

将1调成中火，加入白葡萄酒煮30秒左右。加入番茄酱继续翻炒，煮开后关火。

窍门 用木铲充分翻炒，使食材和酱汁混合均匀。

3 加入意大利面

意大利面煮好后，马上开火加热2（中火）。加入沥干水分的意大利面，用夹子搅拌，使酱汁与意大利面混合均匀。尝一下味道，酌情加入一些盐和粗粒黑胡椒，搅拌均匀。

4 加入帕尔玛干酪

将½的帕尔玛干酪加入锅中，充分搅拌。装盘，将剩下的帕尔玛干酪撒在意大利面上。

窍门 将一半的帕尔玛干酪加入意大利面中搅拌均匀，用余热使其熔化。

多重美味食材的加成效果，打造出极富层次感的意大利面。

蒜香鳀鱼意大利面

来自清美老师的
小建议

用鳀鱼、刺山柑、黑橄榄等方便食材就可以制作出的美味意大利面。
完成时撒上炒得酥脆的面包粉，给意大利面添加了一份特殊的焦香。
使用的很多食材都是带咸味的，最后调味时一定要尝一下。

材料（2人份）

意大利面（意大利细面→P6）	160g
番茄酱（→P18~22）………	约300g
黑橄榄（去籽→P56）……………	8颗
大蒜……………………………	1瓣
鳀鱼（腌制过的→P37）………	3片
刺山柑（→P50）……………	1大匙
面包粉……………………	1大匙
橄榄油……………………	2大匙
白葡萄酒…………………	1大匙
盐、胡椒…………………	各少许

烹调时间 ＊ **25分钟**（除去制作番茄酱的时间）

准备工作

1. 将3L水和1大匙半盐（都为分量外）倒入大锅中，开大火加热。

2. 制作番茄酱。

3. 黑橄榄沥干汁液，横向切成3mm宽的块状。

4. 大蒜横向切成薄片（→P9）。

Puttanesca

这款意大利面的意大利原名"Puttanesca"是"妓女风"的意思。名字的由来有多种说法，如"忙碌的妓女发明出的快手意大利面"、"妓女用来吸引客人的美味意大利面"等。

制作方法

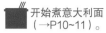 开始煮意大利面（→P10~11）。

1 煸炒面包粉

将1大匙橄榄油和面包粉倒入平底锅中，开小火煸炒。炒至焦脆的状态，盛出。

> **窍门** 要炒成焦香四溢的金黄色，注意一定不能炒糊。

2 煸炒大蒜和鳀鱼

将1大匙橄榄油、大蒜和鳀鱼倒入平底锅中，开小火煸炒。

> 煸炒时要用木铲将鳀鱼碾碎

3 加入白葡萄酒、番茄酱、黑橄榄和刺山柑

当大蒜炒出香味时，改中火，加入白葡萄酒煮30秒左右。加入番茄酱翻炒均匀后，再加入黑橄榄和刺山柑。煮开后关火。

4 加入意大利面

意大利面煮好后，马上开火加热3（中火）。加入沥干水分的意大利面，用夹子搅拌，使酱汁与意大利面混合均匀。尝一下味道，酌情加入一些盐和胡椒，搅拌均匀。

> **窍门** 为了使咸味均匀，一定要充分搅拌。

5 装盘

装盘后撒上1。

> **窍门** 为了防止酥脆的面包粉吸水变软，要等到食用前再撒。

沙丁鱼的味道非常棒，一款广受欢迎的意大利面。

沙丁鱼番茄意大利面

来自清美老师的
小建议

煎过的沙丁鱼，与番茄酱的甜味和柠檬汁的酸味非
常搭配。食用时可以将沙丁鱼夹碎，使其与热热的
意大利面和浓厚的酱汁融合。如果要配酒，可以选
择冰过的白葡萄酒。

意大利面（意大利细面→P6）······160g
番茄酱（→P18~22）···········约300g
沙丁鱼（处理过的）··· 2条份（150g）
大蒜······················· ½瓣
莳萝（→P41）··············· 1枝
柠檬······················· ½个
盐、胡椒、小麦粉（低筋面粉）各适量
橄榄油·····················2½大匙
白葡萄酒····················2大匙

烹调时间 ✳ **25分钟**（除去制作番茄酱的时间）

1. 将3L水和1大匙半盐（都为分量外）倒入大锅中，开大火加热。

2. 制作番茄酱。

3. 柠檬切成厚5mm的片状。

4. 大蒜横向切成薄片（→P9）。

5. 沙丁鱼去骨，纵向切开后再对切开。

开始煮意大利面（→P10~11）。

1 煎沙丁鱼

给沙丁鱼的两面都撒上少许盐和胡椒，再抹上一层薄薄的小麦粉。将½大匙的橄榄油倒入平底锅中，开中火烧热。将沙丁鱼皮朝下放入锅中，煎得稍稍变色时，翻到反面继续煎。

> **窍门** 先煎沙丁鱼带皮的那面，容易去腥并煎出香味。

2 加入白葡萄酒

加入白葡萄酒，煮30秒左右，将沙丁鱼夹出。

> **窍门** 加入白葡萄酒，煎出的沙丁鱼会更香。

3 煸炒大蒜，加入番茄酱

将2大匙橄榄油和大蒜倒入平底锅中，开小火煸炒。为了让大蒜浸入油里，要不时倾斜平底锅。当大蒜炒出香味时，改中火，加入番茄酱继续翻炒。

> 煮到沙丁鱼变热的程度就可以了。

4 加入沙丁鱼

尝一下味道，酌情加入少许盐和胡椒，接着加入沙丁鱼，煮一会儿，关火。

5 装盘，完成

意大利面煮好后，马上开火加热4（中火）。将沥干水分的意大利面装到盘中，浇上4。撒上莳萝，放上柠檬。食用时将柠檬汁挤到意大利面上。

番茄酱意大利面的代表。酱汁稍带辣味，人气非常高。

辣番茄酱笔尖面

来自清美老师的
小建议

能够同时品尝到番茄酱香味和红辣椒辣味的简单意大利面。
推荐使用容易吸附酱汁的笔尖面。
请尽情享受意大利面与酱汁的绝妙组合吧。

材料（2人份）

意大利面（笔尖面→P7） …… 160g
番茄酱（→P18~22） ……… 约300g
大蒜……………………………… ½瓣
红辣椒…………………………… 1个
橄榄油…………………………… 2大匙
盐、胡椒……………………… 各少许

烹调时间 ＊ **25分**（除去制作番茄酱的时间）

准备工作

1. 将3L水和1大匙半盐（都为分量外）倒入大锅中，开大火加热。

2. 制作番茄酱。

 3. 红辣椒去掉蒂和籽后，在温水中浸泡15分钟，取出后沥干水分，切成小段（→P9）。

 为了让辣味出来，要切得小一些。

 4. 大蒜切碎末（→P9）。

Arrabbiata

辣番茄酱笔尖面的意大利语原名"Arrabbiata"有"易怒的人"之意。据说是因为人们吃了带红辣椒的番茄酱后脸会变红，看上去好像很愤怒。

制作方法

 开始煮意大利面（→P10~11）。

1 煸炒大蒜和红辣椒

将橄榄油、大蒜和红辣椒倒入平底锅中，开小火煸炒。

窍门 为了将红辣椒和大蒜的香味转移到油中，在开火前就要将它们放入锅中。

煸炒完毕

当大蒜稍微变色并炒出香味时，就算可以了。

注意不要把大蒜炒糊

2 加入番茄酱

改中火，加入番茄酱，煮开后关火。

3 加入意大利面 装盘完成

意大利面煮好后，马上开火加热2（中火）。加入沥干水分的意大利面，用夹子搅拌，使酱汁与意大利面混合均匀。尝一下味道，酌情加入一些盐和胡椒，搅拌均匀后装盘。

窍门 要不断翻炒，炒到酱汁变黏稠，使酱汁裹到意大利面上。

美味的鸡腿肉沾满了微辣的酱汁。

鸡肉青椒辣番茄酱面

材料（2人份）

意大利面（笔尖面→P7）·················160g
番茄酱（→P18~22）················约300g
鸡腿肉（带皮）·····················150g
青椒·························2个（80g）
洋葱·······················⅓个（50g）
大蒜···························½瓣
红辣椒··························1个
盐、粗粒黑胡椒···················各适量
橄榄油·························2大匙
白葡萄酒·······················2大匙

烹调时间 ＊ **25分钟**（除去制作番茄酱的时间）

准备工作

1. 将3L水和1大匙半盐（都为分量外）倒入大锅中，开大火加热。

2. 制作番茄酱。

3. 红辣椒去掉蒂和籽后，在温水中浸泡15分钟，取出后沥干水分，切成小段（→P9）。

4. 青椒纵向切成两半，去蒂去籽，切成宽2cm的小块。

5. 洋葱和大蒜（→P9）切碎末。

6. 鸡肉片成一口大小。

制作方法

 开始煮意大利面（→P10~11）。

1 煸炒洋葱、大蒜和红辣椒，加入鸡肉

在鸡肉上撒少许盐和粗粒黑胡椒。将橄榄油、洋葱、大蒜和红辣椒倒入平底锅中，开小火煸炒。当大蒜炒出香味时，改中火，加入鸡肉继续翻炒。

窍门 经过翻炒，洋葱的香味就能转移到鸡肉上。

2 加入白葡萄酒

鸡肉变色后，加入白葡萄酒，盖上锅盖煮1分钟左右。

3 加入青椒和番茄酱

加入青椒和番茄酱，充分翻炒。煮开后关火。

4 加入意大利面，装盘完成

意大利面煮好后，马上开火加热3（中火）。加入沥干水分的意大利面，用夹子搅拌，使酱汁与意大利面混合均匀。尝一下味道，酌情加入少许盐和粗粒黑胡椒，搅拌均匀后装盘。

这款意大利面意大利语原名中的"vongole"有"蛤蜊"之意，"rosso"有红色之意。

花蛤辣番茄酱面

材料（2人份）

意大利面（意大利扁面→P6）	160g
番茄酱（→P18~22）	约300g
带壳花蛤（去沙）	250g
大蒜	½瓣
红辣椒	1个
百里香（→P51）	1枝
橄榄油	2大匙
白葡萄酒	2大匙
盐、粗粒黑胡椒	各少许

烹调时间 ＊ **25分钟**（除去制作番茄酱的时间）

准备工作

1. 将3L水和1大匙半盐（都为分量外）倒入大锅中，开大火加热。

2. 制作番茄酱。

3. 红辣椒在温水中浸泡15分钟，取出后沥干水分。

4. 洗净花蛤的肉和壳后，沥干水分。

5. 大蒜切碎末（→P9）。

制作方法

 开始煮意大利面（→P10~11）。

1 炒大蒜、红辣椒和花蛤

将橄榄油、大蒜和红辣椒倒入平底锅中，开小火煸炒。当大蒜炒出香味时，改中火，加入花蛤快速翻炒。

2 加入白葡萄酒和百里香

当所有花蛤都沾上油后，加入白葡萄酒和百里香，盖上锅盖煮1~2分钟。

3 加入番茄酱

花蛤的壳全部张开后，加入番茄酱，翻炒均匀。煮开后关火。

窍门 花蛤炒过头会变硬，一定要多注意。

4 加入意大利面，装盘完成

意大利面煮好后，马上开火加热3（中火）。加入沥干水分的意大利面，用夹子搅拌，使酱汁与意大利面混合均匀。尝一下味道，酌情加入一些盐和粗粒黑胡椒，搅拌均匀后装盘。

加入鲜奶油，打造浓郁柔滑的口感。

梭子蟹奶油番茄酱面

材料（2人份）

意大利面（意大利扁面→P6）	160g
番茄酱（→P18~22）	约300g
带壳梭子蟹（切开的）*	250g
大蒜	1瓣
鲜奶油	½杯
橄榄油	2大匙
白葡萄酒	3大匙
盐、胡椒	各少许

*如果要使用冷冻的梭子蟹，要提前放入冷藏室解冻。

烹调时间 ＊ **25分钟**（除去制作番茄酱的时间）

准备工作

1. 将3L水和1大匙半盐（都为分量外）倒入大锅中，开大火加热。

2. 制作番茄酱。

3. 大蒜切碎末（→P9）。

4. 梭子蟹切成方便食用的大小。

制作方法

 开始煮意大利面（→P10~11）。

1 煸炒大蒜，加入梭子蟹

将橄榄油、大蒜倒入平底锅中，开小火煸炒。当大蒜炒出香味时，改中火，加入梭子蟹快速翻炒。

2 加入白葡萄酒

当所有梭子蟹都沾上油后，加入白葡萄酒，边搅拌边煮2分钟左右。

3 加入番茄酱和鲜奶油

加入番茄酱，边搅拌边煮3分钟左右。当酱汁变黏稠时，加入鲜奶油，搅拌均匀后关火。

窍门 待酱汁变黏稠之后，再加入鲜奶油。

4 加入意大利面，装盘完成

意大利面煮好后，马上开火加热3（中火）。加入沥干水分的意大利面，用夹子搅拌，使酱汁与意大利面混合均匀。尝一下味道，酌情加入一些盐和胡椒，搅拌均匀后装盘。

大块的西兰花使意大利面变得更加美味。

培根西兰花番茄酱面

材料（2人份）

意大利面（意大利扁面→P6）	160g
番茄酱（→P18~22）	约300g
培根（薄片状）	4片（80g）
西兰花	2/3颗（净重100g）
大蒜	½瓣
橄榄油	2大匙
白葡萄酒	2大匙
盐、胡椒	各少许

烹调时间 * **25分钟**（除去制作番茄酱的时间）

准备工作

1. 将3L水和1大匙半盐（都为分量外）倒入大锅中，开大火加热。

2. 制作番茄酱。

3. 西兰花掰开，如果块稍大可以纵向切成两半。

4. 大蒜横向切成薄片（→P9）。

5. 培根切成1cm宽的长条。

制作方法

开始煮意大利面（→P10~11）。

1 煸炒大蒜和培根

将橄榄油、大蒜和培根倒入平底锅中，开小火煸炒。当大蒜炒出香味时，改中火，加入白葡萄酒煮30秒左右。加入番茄酱，快速翻炒，煮开后关火。

2 煮西兰花

意大利面煮好前3分钟，将西兰花加入锅中一起煮。

窍门 放入煮意大利面的锅一起煮，重复利用资源且操作简单。

3 加入意大利面装盘完成

意大利面煮好后，马上开火加热1（中火）。加入沥干水分的意大利面，用夹子搅拌，使酱汁与意大利面混合均匀。尝一下味道，酌情加入一些盐和胡椒，搅拌均匀后装盘。

嚼劲十足的章鱼，让人吃起来很开心。

章鱼橄榄番茄酱面

材料（2人份）

意大利面（意大利细面→P6）	160g
番茄酱（→P18~22）	约300g
章鱼（煮好的章鱼腿）	150g
黑橄榄（去核→P56）	8颗
洋葱	⅓个（50g）
大蒜	½瓣
橄榄油	2大匙
白葡萄酒	2大匙
盐、粗粒黑胡椒	各少许

烹调时间 ✲ 25分钟（除去制作番茄酱的时间）

准备工作

1. 将3L水和1大匙半盐（都为分量外）倒入大锅中，开大火加热。

2. 制作番茄酱。

3. 洋葱和大蒜（→P9）切碎末。

4. 将章鱼片成5mm厚的片状，片的时候要用波浪形走刀。

制作方法

 开始煮意大利面（→P10~11）。

1 煸炒大蒜和洋葱

将橄榄油、大蒜和洋葱倒入平底锅中，开小火煸炒。

2 加入章鱼和白葡萄酒

当大蒜炒出香味时，改中火，加入章鱼快速翻炒。再加入白葡萄酒煮30秒左右。

3 加入番茄酱和黑橄榄

加入番茄酱和黑橄榄，继续翻炒，煮开后关火。

窍门 加入番茄酱和黑橄榄后，马上翻炒均匀，然后开始煮。

4 加入意大利面，装盘完成

意大利面煮好后，马上开火加热3（中火）。加入沥干水分的意大利面，用夹子搅拌，使酱汁与意大利面混合均匀。尝一下味道，酌情加入一些盐和粗粒黑胡椒，搅拌均匀后装盘。

加入口感柔和的花椰菜，打造绝妙的美味。

戈尔贡左拉番茄酱面

材料（2人份）

意大利面（宽缎带面→P7）·············· 160g
番茄酱（→P18~22）·················· 约300g
戈尔贡左拉干酪················· 30g
花椰菜·················· ½颗（净重100g）
白葡萄酒·················· 2大匙
盐、胡椒·················· 各少许

烹调时间 ＊ 25分（除去制作番茄酱的时间）

食材小贴士

戈尔贡左拉干酪
意大利产的蓝奶酪。这种奶酪有香甜口味和香辣口味两种，本书中使用的是香辣口味。它的特点是具有刺激浓郁的辣味。

准备工作

1. 将3L水和1大匙半盐（都为分量外）倒入大锅中，开大火加热。

2. 制作番茄酱。

3. 花椰菜掰开。

4. 戈尔贡左拉干酪略微碾碎。

制作方法

🍳 开始煮意大利面（→P10~11）。

1 将番茄酱煮黏稠，加入白葡萄酒

将番茄酱倒入平底锅中，开中火加热，边搅拌边煮2分钟左右。变黏稠后加入白葡萄酒，翻炒均匀。煮开后关火。

2 煮花椰菜

意大利面煮好前3分钟，将花椰菜加入锅中一起煮。

3 加入意大利面和花椰菜，装盘完成

意大利面煮好后，马上开火加热1（中火）。加入戈尔贡左拉干酪、沥干水分的意大利面和花椰菜，用夹子搅拌，使酱汁与意大利面混合均匀。尝一下味道，酌情加入一些盐和胡椒，搅拌均匀后装盘。

窍门 加入戈尔贡左拉干酪、意大利面和花椰菜后，要快速搅拌，一鼓作气地完成。

83

使用多种夏季蔬菜，
制作出活力十足的美味意大利面。

西葫芦茄子番茄酱面

材料（2人份）

意大利面（意大利细面→P6）	160g
番茄酱（→P18~22）	约300g
西葫芦	½个（80g）
茄子	2个（160g）
大蒜	½瓣
洋葱	⅓个（50g）
橄榄油	3大匙
白葡萄酒	2大匙
盐、胡椒	各少许

烹调时间 ＊ **25分钟**（除去制作番茄酱的时间）

准备工作

1. 将3L水和1大匙半盐（都为分量外）倒入大锅中，开大火加热。

 2. 制作番茄酱。

3. 西葫芦去蒂，切成厚5mm的片状。

4. 茄子去蒂，切成厚5mm的片状。

5. 洋葱纵向切成宽1cm的条状。

6. 蒜用刀背压碎（→P9）。

制作方法

 开始煮意大利面（→P10~11）。

1 煸炒大蒜，加入洋葱

将橄榄油和大蒜倒入平底锅中，开小火煸炒。为了让大蒜浸入油里，要不时倾斜平底锅。当大蒜炒出香味时，调成中火，加入洋葱快速翻炒。

2 加入西葫芦、茄子和白葡萄酒

加入西葫芦和茄子，翻炒均匀。当所有食材都沾上油后，加入白葡萄酒煮30秒左右。

3 加入番茄酱

加入番茄酱，翻炒均匀，边翻炒边煮1分钟左右。关火。

窍门 要煮到蔬菜充分吸收番茄酱并变软为止。

4 加入意大利面，装盘完成

意大利面煮好后，马上开火加热3（中火）。加入沥干水分的意大利面，用夹子搅拌，使酱汁与意大利面混合均匀。尝一下味道，酌情加入一些盐和胡椒，搅拌均匀后装盘。

五花肉浓厚的香味和水芹轻微的苦味，形成绝妙的组合。

五花肉水芹番茄酱面

材料（2人份）

意大利面（意大利细面→P6）············· 160g
番茄酱（→P18~22）····················· 约300g
猪五花肉（5mm厚）····················· 150g
水芹······························· 1把（50g）
大蒜······························· 1瓣
盐··································· 适量
胡椒································· 少许
橄榄油······························· 1大匙
白葡萄酒····························· 2大匙
粗粒黑胡椒··························· 少许

烹调时间 ＊ **25分钟**（除去制作番茄酱的时间）

准备工作

1. 将3L水和1大匙半盐（都为分量外）倒入大锅中，开大火加热。

 2. 制作番茄酱。

3. 水芹摘下叶子，茎切成5mm宽的小段。

 4. 大蒜横向切成薄片（→P9）。

5. 五花肉切成宽1cm的片状。

制作方法

 开始煮意大利面（→P10~11）。

1 煸炒大蒜和五花肉

五花肉上撒少许盐和胡椒。将橄榄油、大蒜和五花肉倒入平底锅中，开小火煸炒。多余的油脂用吸油纸吸掉。

窍门 油脂太多，做出的意大利面容易显得油腻，所以只留下少量，剩下的都用吸油纸吸掉。

2 加入白葡萄酒、水芹茎和番茄酱

五花肉炒硬后，改中火，加入白葡萄酒煮30秒左右。加入水芹茎和番茄酱，翻炒均匀。煮开后关火。

3 加入意大利面和水芹叶，装盘完成

意大利面煮好后，马上开火加热2（中火）。加入沥干水分的意大利面，用夹子搅拌，使酱汁与意大利面混合均匀。尝一下味道，酌情加入少许盐，搅拌均匀。关火，加入水芹叶，搅拌均匀后装盘。撒上粗粒黑胡椒。

尽情享受乌贼和扁豆不同的口感吧。

乌贼扁豆番茄酱面

材料（2人份）	
意大利面（意大利细面→P6）	160g
番茄酱（→P18~22）	约300g
枪乌贼	1只（180g）
扁豆	6根（60g）
洋葱	⅓个（50g）
大蒜	½瓣
橄榄油	2大匙
白葡萄酒	2大匙
盐、胡椒	各少许
辣椒粉	少许

烹调时间 ＊ **25分钟**（除去制作番茄酱的时间）

准备工作

1. 将3L水和1大匙半盐（都为分量外）倒入大锅中，开大火加热。

2. 制作番茄酱。

3. 扁豆去蒂，斜切成3等份。

4. 洋葱和大蒜（→P9）切碎末。

5. 乌贼去除内脏，用水洗净，再去除软骨。身体部分切成环形，腿部切成方便食用的大小。

制作方法

🍲 开始煮意大利面（→P10~11）。

1 煸炒大蒜和洋葱，加入扁豆

将橄榄油、大蒜和洋葱倒入平底锅中，开小火煸炒。炒出香味时改中火，加入扁豆快速翻炒。

2 加入乌贼和白葡萄酒

加入乌贼后撒上白葡萄酒，煮30秒左右。

3 加入番茄酱

加入番茄酱，搅拌均匀，煮开后关火。

窍门 当乌贼膨胀起来时，马上加入番茄酱。

4 加入意大利面，装盘完成

意大利面煮好后，马上开火加热3（中火）。加入沥干水分的意大利面，用夹子搅拌，使酱汁与意大利面混合均匀。尝一下味道，酌情加入一些盐和胡椒，搅拌均匀后装盘。按照喜好撒上辣椒粉。

煎得软软的南瓜，实在是让人欲罢不能的美味。

南瓜迷你番茄意大利面

材料（2人份）

意大利面（意大利细面→P6）	160g
番茄酱（→P18~22）	约300g
南瓜	1/10个（净重200g）
迷你番茄	8个
大蒜	½瓣
帕尔玛干酪（→P25）	10g
橄榄油	3大匙
白葡萄酒	2大匙
盐、胡椒	各少许

烹调时间 ＊ **25分钟**（除去制作番茄酱的时间）

准备工作

1. 将3L水和1大匙半盐（都为分量外）倒入大锅中，开大火加热。

 2. 制作番茄酱。

3. 南瓜切成7mm厚的扇形。

4. 迷你番茄去蒂，纵向切成两半。

5. 大蒜用刀背压碎（→P9）。

6. 帕尔玛干酪磨碎备用。

制作方法

 开始煮意大利面（→P10~11）。

1 煸炒大蒜，煎南瓜

将橄榄油和大蒜倒入平底锅中，开小火煸炒。为了让大蒜浸入油里，要不时倾斜平底锅。当大蒜炒出香味时，改中火，加入南瓜，将两面煎到变色。

窍门：用含有大蒜香味的油，将南瓜煎得恰到好处。

2 加入白葡萄酒

加入白葡萄酒，盖上锅盖煮1分钟左右。

3 加入迷你番茄和番茄酱

加入迷你番茄和番茄酱，翻炒均匀，煮开后关火。

4 加入意大利面，装盘完成

意大利面煮好后，马上开火加热3（中火）。加入沥干水分的意大利面，用夹子搅拌，使酱汁与意大利面混合均匀。尝一下味道，酌情加入一些盐和胡椒，搅拌均匀后装盘。撒上帕尔玛干酪。

甜甜的芜菁，与番茄酱是绝配。

芜菁培根番茄酱面

材料（2人份）

意大利面（意大利细面→P6）············ 160g
番茄酱（→P18~22）····················· 约300g
芜菁······························· 2个（160g）
意大利培根（薄片状→P25）····· 3片（45g）
大蒜······································· ½瓣
橄榄油···································· 2大匙
白葡萄酒·································· 2大匙
盐、粗粒黑胡椒························· 各少许

烹调时间 ＊ 25分钟（除去制作番茄酱的时间）

准备工作

1. 将3L水和1大匙半盐（都为分量外）倒入大锅中，开大火加热。

2. 制作番茄酱。

3. 芜菁去皮，留下2cm的茎，切成宽1cm的块状。

4. 大蒜横向切成薄片（→P9）。

5. 意大利培根切成宽1cm的条状。

制作方法

 开始煮意大利面（→P10~11）。

1 煸炒大蒜和意大利培根

将橄榄油、大蒜和意大利培根倒入平底锅中，开小火煸炒。为了让大蒜和意大利培根浸入油里，要不时倾斜平底锅。

2 加入芜菁和白葡萄酒

当意大利培根变酥脆时，改中火，加入芜菁快速翻炒。接着加入白葡萄酒煮30秒左右。

窍门 当意大利培根炒出油且略微变色时，加入芜菁。

3 加入番茄酱

加入番茄酱，翻炒均匀后煮2~3分钟。芜菁变软后关火。

窍门 用竹签插一下芜菁，如果能很顺利地插入，就表示可以了。

4 加入意大利面，装盘完成

意大利面煮好后，马上开火加热3（中火）。加入沥干水分的意大利面，用夹子搅拌，使酱汁与意大利面混合均匀。尝一下味道，酌情加入一些盐和粗粒黑胡椒，搅拌均匀后装盘。

用现成的食材就能轻松做出的正宗意大利面。

金枪鱼刺山柑番茄酱面

材料（2人份）

意大利面（蝴蝶面→P7）	160g
番茄酱（→P18~22）	约300g
金枪鱼（罐头）	1大罐（160g）
刺山柑（→P50）	2大匙
洋葱	⅓个（50g）
意大利香芹（→P35）	适量
橄榄油	2大匙
白葡萄酒	2大匙
盐、胡椒	各少许

烹调时间 ＊ **25分钟**（除去制作番茄酱的时间）

准备工作

1. 将3L水和1大匙半盐（都为分量外）倒入大锅中，开大火加热。

2. 制作番茄酱。

3. 洋葱切成碎末。

制作方法

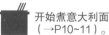 开始煮意大利面（→P10~11）。

1 煸炒洋葱，加入金枪鱼

将橄榄油和洋葱倒入平底锅中，开小火煸炒。洋葱炒软后，调成中火，将金枪鱼罐头连同汁液一起倒入锅中翻炒。

窍门 金枪鱼罐头的汁液味道很浓，要一起加入锅中。

2 加入白葡萄酒、番茄酱和刺山柑

将白葡萄酒洒入锅中，煮30秒左右。加入番茄酱和刺山柑，翻炒均匀。煮开后关火。

3 加入意大利面，装盘完成

意大利面煮好后，马上开火加热2（中火）。加入沥干水分的意大利面，用夹子搅拌，使酱汁与意大利面混合均匀。尝一下味道，酌情加入一些盐和胡椒，搅拌均匀后装盘。用手撕碎意大利香芹，撒到意大利面上。

将西葫芦换成茄子，做出的意大利面也很美味。

猪肉西葫芦番茄酱面

材料（2人份）

意大利面（意大利细面→P6）·············	160g
番茄酱（→P18~22）·············	约300g
薄片状猪五花肉·············	150g
西葫芦·············	½个（80g）
大蒜·············	1瓣
洋葱·············	⅓个（50g）
盐·············	适量
胡椒·············	少许
橄榄油·············	2大匙
白葡萄酒·············	2大匙
粗粒黑胡椒·············	少许

烹调时间 * **25分钟**（除去制作番茄酱的时间）

准备工作

1. 将3L水和1大匙半盐（都为分量外）倒入大锅中，开大火加热。

 2. 制作番茄酱。

 3. 西葫芦切成5mm宽的半月形。

 4. 洋葱纵向切成宽1cm的丝状。

 5. 大蒜切碎末（→P9）。

6. 猪肉切成方便食用的大小。

制作方法

 开始煮意大利面（→P10~11）。

1 煸炒大蒜，加入洋葱和猪肉

猪肉上撒少许盐和胡椒。将橄榄油和大蒜倒入平底锅中，开小火煸炒。当大蒜炒出香味时，改中火，加入洋葱和猪肉，翻炒均匀。

窍门 翻炒时为了使猪肉受热均匀，要用长筷子不断拨动。

2 加入西葫芦

当猪肉变色时，加入西葫芦，翻炒均匀。

3 加入白葡萄酒和番茄酱

将白葡萄酒洒入锅中，煮30秒左右。加入番茄酱，翻炒均匀。煮开后关火。

4 加入意大利面，装盘完成

意大利面煮好后，马上开火加热3（中火）。加入沥干水分的意大利面，用夹子搅拌，使酱汁与意大利面混合均匀。尝一下味道，酌情加入少许盐，搅拌均匀后装盘。撒上粗粒黑胡椒。

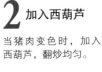

甜甜的番茄酱，能够引出剑鱼清淡的香味。

剑鱼豌豆番茄酱面

材料（2人份）	
意大利面（意大利细面→P6）	160g
番茄酱（→P18~22）	约300g
剑鱼（鱼块）	2块（200g）
豌豆（带豆荚）	120g
大蒜	½瓣
盐、粗粒黑胡椒、小麦粉（低筋面粉）	各适量
橄榄油	2大匙
白葡萄酒	2大匙

＊如果是不带豆荚的，要准备50g。可以使用冷冻的。

烹调时间 ＊ **25分钟**（除去制作番茄酱的时间）

准备工作

1. 将3L水和1大匙半盐（都为分量外）倒入大锅中，开大火加热。

2. 制作番茄酱。

3. 豌豆剥皮，取出豆子。

4. 大蒜切碎末（→P9）。

5. 剑鱼切成2~3cm的块状。

制作方法

 开始煮意大利面（→P10~11）。

1 煸炒大蒜和剑鱼

剑鱼撒上少许盐和粗粒黑胡椒，再抹上一层薄薄的小麦粉。将橄榄油和大蒜倒入平底锅中，开小火煸炒。当大蒜炒出香味时，改中火，加入剑鱼，快速翻炒。

窍门
要炒到剑鱼表面变色为止。

2 加入白葡萄酒和番茄酱

加入白葡萄酒煮30秒左右，再加入番茄酱，翻炒均匀。煮开后关火。

3 煮豌豆

意大利面煮好前4分钟（如果是冷冻豌豆则改成1分钟），将豌豆加入锅中一起煮。

4 加入意大利面装盘完成

意大利面煮好后，马上开火加热2（中火）。加入沥干水分的意大利面和豌豆，用夹子搅拌，使酱汁与意大利面混合均匀。尝一下味道，酌情加入少许盐，搅拌均匀后装盘。撒上粗粒黑胡椒。

上乘的味道，随着意大利面扩散到口中。

虾仁蘑菇番茄酱面

材料（2人份）

意大利面（意大利细面→P6）	160g
番茄酱（→P18~22）	约300g
带壳鲜虾	6只（210g）
蘑菇	6个
大蒜	½瓣
香芹	4根
盐、胡椒	各适量
橄榄油	2大匙
白葡萄酒	2大匙

烹调时间 ＊ **25分钟**（除去制作番茄酱的时间）

准备工作

1. 将3L水和1大匙半盐（都为分量外）倒入大锅中，开大火加热。

2. 制作番茄酱。

3. 蘑菇去根，切成薄片。

4. 香芹切成碎末。

5. 大蒜横向切成薄片（→P9）。

6. 鲜虾去壳，去掉背部的肠线并划出切口。每只都切成2~3等份。

制作方法

开始煮意大利面（→P10~11）。

1 煸炒大蒜和蘑菇

虾仁撒上少许盐和胡椒。将橄榄油、大蒜和蘑菇倒入平底锅中，开小火煸炒。为了让大蒜和蘑菇浸入油里，要不时倾斜平底锅。

2 加入虾仁翻炒，再加入白葡萄酒

当大蒜炒出香味时，调成中火，加入虾仁翻炒均匀。再加入白葡萄酒煮30秒左右。

窍门 待虾仁变红时，加入白葡萄酒。

3 加入番茄酱

加入番茄酱，翻炒均匀，煮开后关火。

4 加入意大利面装盘完成

意大利面煮好后，马上开火加热3（中火）。加入沥干水分的意大利面，用夹子搅拌，使酱汁与意大利面混合均匀。加入香芹，搅拌均匀。尝一下味道，酌情加入少许盐和胡椒，搅拌均匀后装盘。

颇受孩子和老人欢迎的人气意大利面。

鸡肉玉米番茄酱面

材料（2人份）	
意大利面（缎带面→P7）	160g
番茄酱（→P18~22）	约300g
鸡胸肉（带皮）	150g
玉米粒（罐头）	50g
秋葵	4根
洋葱	⅓个（50g）
大蒜	½瓣
帕尔玛干酪（→P25）	10g
橄榄油	2大匙
盐	适量
胡椒	少许
白葡萄酒	2大匙
粗粒黑胡椒	少许

烹调时间 ＊ **25分钟**（除去制作番茄酱的时间）

准备工作

1. 将3L水和1大匙半盐（都为分量外）倒入大锅中，开大火加热。

2. 制作番茄酱。

3. 洋葱切成边长5mm的方形。

4. 秋葵去蒂，切成宽1cm的小段。

5. 大蒜切碎末（→P9）。

6. 鸡肉切成边长1~2cm的块状。

7. 帕尔玛干酪磨碎备用。

制作方法

开始煮意大利面（→P10~11）。

1 煸炒大蒜和洋葱，加入鸡肉

鸡肉撒上少许盐和胡椒。将橄榄油、大蒜和洋葱倒入平底锅中，开小火煸炒。当大蒜炒出香味时，改中火，加入鸡肉翻炒均匀。

2 加入白葡萄酒、番茄酱、玉米和秋葵

鸡肉变色后，洒上白葡萄酒煮30秒左右。加入番茄酱、玉米和秋葵，翻炒均匀，煮开后关火。

窍门 玉米和秋葵只要略微翻炒变热即可。

3 加入意大利面装盘完成

意大利面煮好后，马上开火加热2（中火）。加入沥干水分的意大利面，用夹子搅拌，使酱汁与意大利面混合均匀。尝一下味道，酌情加入少许盐，搅拌均匀后装盘。撒上帕尔玛干酪和粗粒黑胡椒。

93

厚实绵软的米茄子，口感非常棒。

茄子奶酪番茄酱面

材料（2人份）	
意大利面（缎带面→P7）	160g
番茄酱（→P18~22）	约300g
米茄子	½个（130g）
马苏里拉奶酪（→P48）	50g
大蒜	½瓣
橄榄油	3大匙
盐	适量
白葡萄酒	2大匙
粗粒黑胡椒	少许

烹调时间 ＊ **25分钟**（除去制作番茄酱的时间）

准备工作

1. 将3L水和1大匙半盐（都为分量外）倒入大锅中，开大火加热。

2. 制作番茄酱。

3. 米茄子去蒂，切成1cm宽的块状。

4. 马苏里拉奶酪切成3mm宽的半月形。

5. 大蒜用刀背压碎（→P9）。

制作方法

开始煮意大利面（→P10~11）。

1 煸炒洋葱，加入米茄子，撒盐

将橄榄油和大蒜倒入平底锅中，开小火煸炒。为了让大蒜浸入油里，要不时倾斜平底锅。当大蒜炒出香味时，改中火，加入米茄子，撒少许盐。将米茄子两面都煎成金黄色。

窍门 开始煎之前撒盐，米茄子里的水分会被析出，煎起来就更容易。

2 加入白葡萄酒和番茄酱

洒上白葡萄酒，煮30秒左右，加入番茄酱，翻炒均匀。煮开后关火。

3 加入意大利面装盘完成

意大利面煮好后，马上开火加热2（中火）。加入沥干水分的意大利面，用夹子搅拌，使酱汁与意大利面混合均匀。加入马苏里拉奶酪，搅拌均匀。尝一下味道，酌情加入少许盐，搅拌均匀后装盘。撒上粗粒黑胡椒。

味道浓郁的鸡肝和口感清爽的香芹，
打造出顶级的美味。

鸡肝芹菜番茄酱面

材料(2 人份)

意大利面（意大利细面→P6） ………… 160g
番茄酱（→P18~22） ………… 约300g
鸡肝………… 150g
芹菜………… 1根（50g）
洋葱………… ⅓个（50g）
大蒜………… ½瓣
帕尔玛干酪（→P25） ………… 10g
牛奶（腌制肝脏用） ………… 2大匙
盐、胡椒………… 各适量
橄榄油………… 2大匙
红葡萄酒………… 2大匙

烹调时间 ＊ 25分钟（除去制作番茄酱的时间）

准备工作

1. 将3L水和1大匙半盐（都为分量外）倒入大锅中，开大火加热。

2. 制作番茄酱。

3. 鸡肝切成一口大小，放入牛奶中腌制5分钟左右。

4. 切下少许芹菜叶，留作装饰用。芹菜茎去筋，切成7~8mm的小段。

5. 洋葱切成边长7~8mm的方形。

6. 大蒜切碎末（→P9）。

7. 帕尔玛干酪磨碎备用。

制作方法

 开始煮意大利面（→P10~11）。

1 煸炒大蒜、洋葱和芹菜

沥干鸡肝上的汁液，撒上少许盐和胡椒。将橄榄油、大蒜、洋葱和芹菜茎倒入平底锅中，开小火煸炒。

窍门　将3种食材的味道都炒出来之后，制作出的意大利面味道会更好。

2 加入鸡肝翻炒，再加入红葡萄酒

当大蒜炒出香味时，改中火，加入鸡肝翻炒均匀。鸡肝变色后，加入红葡萄酒煮30秒左右。

3 加入番茄酱

加入番茄酱翻炒均匀，煮开后关火。

4 加入意大利面装盘完成

意大利面煮好后，马上开火加热3（中火）。加入沥干水分的意大利面，用夹子搅拌，使酱汁与意大利面混合均匀。尝一下味道，酌情加入少许盐和胡椒，搅拌均匀后装盘。放上芹菜叶，撒上帕尔玛干酪。

制作时加入蛋黄酱调味，味道会变得更加柔和。

卷心菜沙拉

材料（2人份）

甘蓝	3片（150g）
胡萝卜	¼根（40g）
香芹	4根
盐	⅓小匙

调味汁
- 蛋黄酱 ⋯⋯⋯⋯⋯⋯⋯⋯2大匙
- 醋、橄榄油 ⋯⋯⋯⋯⋯各1大匙
- 盐、胡椒 ⋯⋯⋯⋯⋯⋯各少许

制作方法　　烹调时间 ＊ **15分钟**

1 甘蓝和胡萝卜切细丝，放入碗中。撒适量盐，用手揉搓，变软后挤出水分。

2 香芹切碎末。

3 将调味汁的材料倒入大碗中，混合均匀后加入1、2，充分搅拌，装盘。

削了皮的黄瓜能够充分吸收调味汁的味道。

黄瓜莳萝沙拉

材料（2人份）

黄瓜	2根（200g）
莳萝（→P41）	1根

调味汁
- 橄榄油、醋 ⋯⋯⋯⋯⋯各2大匙
- 盐 ⋯⋯⋯⋯⋯⋯⋯⋯⋯⅓小匙
- 粗粒黑胡椒 ⋯⋯⋯⋯⋯⋯少许

制作方法　　烹调时间 ＊ **10分钟**

1 按照图中所示，用削皮器削掉黄瓜部分的皮，然后将其切成5mm厚的片状。

2 将调味汁的材料倒入大碗中，混合均匀后加入撕碎的莳萝叶。再加入1，充分搅拌，装盘。

洋葱的甜味，搭配粗粒芥末的辣味。

番茄洋葱沙拉

材料（2人份）

迷你番茄·······························1袋（200g）
洋葱·····································1/5个（30g）
调味汁
　┌ 橄榄油、醋、粗粒芥末 ·············各1大匙
　└ 盐、胡椒 ·······························各少许

制作方法

烹调时间 ＊ **10分钟**

1 迷你番茄去蒂，纵向切成两半。

2 洋葱切碎末，在水中揉搓去除辣味后，挤干水分。

3 将调味汁的材料倒入大碗中，混合均匀后加入2，充分搅拌。再加入1，搅拌均匀后装盘。

加入金枪鱼和黑橄榄，配料丰富的沙拉。

尼斯风土豆沙拉

材料（2人份）

土豆·········2小个（200g）　调味汁
金枪鱼（罐头）···1小罐（80g）　┌ 橄榄油、醋 ···各2大匙
扁豆···············4根（40g）　│ 蒜末 ···········¼小匙
黑橄榄（→P56）······ 6颗　└ 盐、粗粒黑胡椒 各少许
鳀鱼（腌制过的→P37）···2片

烹调时间 ＊ **15分钟**

制作方法

1 土豆包上保鲜膜，放到微波炉中加热3分钟左右。取出后剥皮，切成一口大小。

2 扁豆去蒂，包上保鲜膜，放到微波炉中加热30秒左右。揭下保鲜膜，切成3cm的小段。

3 将鳀鱼和调味汁的材料倒入大碗中，边碾碎鳀鱼边将材料混合均匀。加入1、2、沥干汁液的金枪鱼和黑橄榄，搅拌均匀后装盘。

使用蜂蜜, 来增加朴素又柔和的甜味。

胡萝卜沙拉

材料（2人份）

胡萝卜·······················1根（200g）

调味汁

| 醋、橄榄油 ························· 各2大匙
| 蜂蜜 ································· 1小匙
| 盐、粗粒黑胡椒 ·····················各少许

制作方法　　烹调时间 ＊ **10分钟**（除去腌制的时间）

1　胡萝卜削皮去蒂, 切成5cm长, 然后纵向切成细丝。

2　将调味汁的材料倒入大碗中, 混合均匀后加入1, 充分搅拌。
静置20分钟, 待胡萝卜变软后, 装盘。

添加了香辣口味奶酪的调味汁, 吃起来非常美味。

生菜凯撒沙拉

材料（2人份）

叶生菜·······················2片（50g）

调味汁

| 戈尔贡左拉奶酪（→P83）··············· 20g
| 橄榄油 ································· 1大匙
| 醋 ·································· 1½大匙
| 盐、粗粒黑胡椒 ·····················各少许

制作方法　　烹调时间 ＊ **5分钟**

1　生菜撕成方便食用的大小, 装入盘中。

2　将戈尔贡左拉奶酪放进耐高温的碗中, 在微波炉中加热
20~30秒, 使其变软。加入剩下的调味汁材料, 搅拌均匀
后浇到1上。

PART 3

浓郁醇厚的味道
奶油、奶酪酱汁
意大利面

在酱汁中加入鲜奶油或奶酪，

打造出浓郁的口感。

吃下一口，

浓厚丰富的味道就会立刻在口中扩散开来。

推荐大家搭配葡萄酒食用。

甘蓝的甜味和口感，将意大利面点缀得更加美味。

甘蓝蛋黄奶油意大利面

来自清美老师的
小建议

由蛋黄和鲜奶油制成的酱汁，浓郁而美味。甘蓝跟意大利面一起煮好，脆脆的口感让人欲罢不能。推荐大家使用容易吸附酱汁的宽面条，例如缎带面（→P7）和宽缎带面（→P7）。

意大利面(宽缎带面→P7) …… 160g
甘蓝……………………3片(150g)
蛋黄奶油酱
　┌ 蛋黄 …………………… 2个份
　│ 鲜奶油 ………………… 60ml
　└ 盐、粗粒黑胡椒 ………… 各少许
盐、粗粒黑胡椒 …………… 各少许

烹调时间 ＊ 25分钟

准备工作

1. 将3L水和1大匙半盐（都为分量外）倒入大锅中，开大火加热。

2. 甘蓝切成边长2~3cm的方形。

制作方法

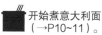 开始煮意大利面（→P10~11）。

1 煮甘蓝

意大利面煮好前3分钟，将甘蓝加入锅中一起煮。

窍门 如果用比较硬的冬甘蓝，要在煮好前4~5分钟加入。

2 将材料倒入碗中

将蛋黄奶油酱的材料倒入碗中。

3 搅拌

拿长筷子用像切蛋黄般的手法搅拌。

窍门 整体要搅拌均匀。

4 加入意大利面和甘蓝

沥干1的水分，加入到3中。

窍门 煮好后要趁热加入。

5 装盘完成。

用夹子搅拌，使酱汁与意大利面混合均匀。尝一下味道，酌情加入少许盐，搅拌均匀后装盘，撒上少许粗粒黑胡椒。

用夹子
快速搅拌

这款意大利面最大的魅力在于上乘的味道和缤纷的色彩。

鲑鱼芜菁奶油意大利面

奶油酱汁中加入牛奶，打造出了这款口味略淡的意大利面。味道柔和的鲑鱼、
芜菁，跟牛奶、黄油完全融合到一起。营养价值丰富的芜菁叶也被充分利用，
让颜色变得更加缤纷好看。是很适合用来招待朋友的一款意大利面。

来自清美老师的
小建议

意大利面（意大利细面→P6）　　160g
生鲑鱼（鱼肉）…………2块（200g）
芜菁……………………2个（160g）
芜菁的茎…………………… 1个份
鲜奶油…………………………¼杯
牛奶……………………………½杯
盐、粗粒黑胡椒、小麦粉（低筋面粉）各适量
黄油（无盐）……………………15g
白葡萄酒……………………… 1大匙

烹调时间 ＊25分钟

准备工作

1. 将3L水和1大匙半盐（都为分量外）倒入大锅中，开大火加热。

2. 芜菁去皮，留下2cm的茎，纵向切成6等份。留出1个份的茎备用。

窍门　提前将芜菁的茎和叶切开，操作起来会更顺畅。

3. 生鲑鱼切成2cm宽的块状。

制作方法

开始煮意大利面
（→P10~11）。

1 加热芜菁的茎

用保鲜膜包住芜菁的茎，放入微波炉中加热30秒左右。待其冷却后，切成宽5mm的小段。

窍门　用微波炉加热芜菁的茎，既省事又快捷。

2 煎鲑鱼和芜菁

鲑鱼上撒少许盐和粗粒黑胡椒，再抹上一层薄薄的小麦粉。开中火在平底锅中熔化黄油，加入鲑鱼和芜菁，均匀地煎好两面。

3 加入白葡萄酒

两面都煎得变色时，加入白葡萄酒煮30秒左右。

白葡萄酒要均匀地洒到锅中。

4 加入鲜奶油和牛奶

加入鲜奶油和牛奶，边搅拌边煮1~2分钟。芜菁变软后，关火。

5 加入意大利面 装盘完成

意大利面煮好后，马上开火加热4（中火）。加入沥干水分的意大利面，用夹子搅拌，使酱汁与意大利面混合均匀。尝一下味道，酌情加入少许盐和粗粒黑胡椒，搅拌均匀。加入1，搅拌均匀后装盘。

窍门　锅中的酱汁变热后，就要马上加入意大利面搅拌均匀。

牡蛎菠菜奶油意大利面

来自清美老师的
小建议

由饱满的牡蛎和嫩绿的菠菜打造的美味意大利面。柔滑浓郁的酱汁完全渗入到各种食材中。如果没有牡蛎，用虾夷扇贝代替也可以。

意大利面（缎带面→P7）······ 160g
牡蛎（去壳）····················· 8~10个
菠菜·························· ½把（150g）
鲜奶油························· ¾杯
盐、粗粒黑胡椒、小麦粉（低筋面
粉）························· 各适量
黄油（无盐）···················· 15g
白葡萄酒······················· 1大匙

烹调时间 ＊ **25分钟**

准备工作

1. 将3L水和1大匙半盐（都为分量外）倒入大锅中，开大火加热。

2. 牡蛎在盐水（分量外）中洗净，沥干水分。

窍门 一定要将牡蛎洗净，然后彻底沥干水分。

3. 菠菜去根。

制作方法

待牡蛎膨胀起来，就加入菠菜

1 焯菠菜

煮意大利面的水沸腾后，加入菠菜，快速焯一下。取出后待其冷却，挤干水分，切成4cm长的小段。

窍门 在煮意大利面之前焯菠菜，色彩会更鲜艳。

🍲 开始煮意大利面（→P10~11）。

2 煎牡蛎,加入菠菜

牡蛎上撒少许盐和粗粒黑胡椒，再抹上一层薄薄的小麦粉。开中火在平底锅中熔化黄油，加入牡蛎，均匀地煎好两面。将1放到平底锅空出的地方，快速翻炒。

3 加入白葡萄酒,制作酱汁

整体搅拌均匀后，加入白葡萄酒煮30秒左右。加入鲜奶油，边搅拌边煮1~2分钟。关火。

窍门 牡蛎炒太久会变硬，一定要多加注意。

4 加入意大利面装盘完成

意大利面煮好后，马上开火加热3（中火）。加入沥干水分的意大利面，用夹子搅拌，使酱汁与意大利面混合均匀。尝一下味道，酌情加入少许盐和粗粒黑胡椒，搅拌均匀后装盘。

用洋葱给意大利面添加柔和的甜味。

鳕鱼洋葱奶油意大利面

来自清美老师的
小建议

味道较淡的鳕鱼，跟浓厚的酱汁是绝配。
加入炒得软软的洋葱，给意大利面添加了些许甜味。
用来提味的刺山柑，也是让意大利面变美味的功臣之一。

材料（2人份）

意大利面（意大利细面→P6）　　160g
咸鳕鱼……………………2片（180g）
洋葱………………………½个（80g）
刺山柑（→P50）……………2大匙
鲜奶油………………………½杯
牛奶…………………………¼杯
盐、粗粒黑胡椒、小麦粉（低筋面粉）……………………各适量
黄油（无盐）…………………15g
白葡萄酒……………………1大匙

烹调时间 ＊ 25分钟

准备工作

1. 将3L水和1大匙半盐（都为分量外）倒入大锅中，开大火加热。

2. 洋葱纵向切细丝。

3. 鳕鱼切成宽1cm的块状。

制作方法

 开始煮意大利面（→P10~11）。

1 煸炒洋葱，加入鳕鱼

鳕鱼上撒少许盐和粗粒黑胡椒，再抹上一层薄薄的小麦粉。开中火在平底锅中熔化黄油，加入洋葱煸炒。洋葱变软后，加入鳕鱼，均匀地煎好两面。

窍门 洋葱要充分炒软，这样甜味才能出来。

2 加入白葡萄酒

加入白葡萄酒煮30秒左右。

将鳕鱼两面都煎脆后，马上加入白葡萄酒

3 加入鲜奶油和牛奶

加入鲜奶油和牛奶，边搅拌边煮2分钟左右。关火。

4 加入意大利面和刺山柑，装盘完成

意大利面煮好后，马上开火加热3，加入刺山柑，翻炒均匀（中火）。加入沥干水分的意大利面，用夹子搅拌，使酱汁与意大利面混合均匀。尝一下味道，酌情加入少许盐，搅拌均匀后装盘。撒上少许粗粒黑胡椒。

窍门 刺山柑稍微煮一下，酸味就会减淡，口感变得更柔和。

使用海胆这种高级食材的奢侈意大利面。

海胆奶油意大利面

材料（2人份）

意大利面（意大利特细面→P6） ········ 160g
海胆·································· 1袋（70g）
香葱（→P59）······················· 适量
鲜奶油····························· ¾杯
黄油（无盐）······················ 10g
盐、胡椒··························· 各少许

烹调时间 ＊ 25分钟

准备工作

1. 将3L水和1大匙半盐（都为分量外）倒入大锅中，开大火加热。

2. 切去香葱根部。

制作方法

开始煮意大利面（→P10~11）。

1 煎海胆，加入鲜奶油

开中火在平底锅中熔化黄油，加入4/5的海胆，快速翻炒。加入鲜奶油，边搅拌边煮1~2分钟。关火。

2 加入意大利面

意大利面煮好后，马上开火加热1（中火）。加入沥干水分的意大利面，用夹子搅拌，使酱汁与意大利面混合均匀。尝一下味道，酌情加入一些盐和胡椒。

3 加入海胆和香葱装盘完成

加入剩余的海胆和香葱（留出少量做装饰用），翻炒均匀。用夹子将意大利面分成6等份，每盘装入3等份，撒上装饰用的香葱。

窍门
最后加入的海胆，一定不能弄碎。

烟熏三文鱼的香味跟水芹的苦味非常配。

三文鱼水芹奶油意大利面

材料（2人份）

意大利面（贝壳面→P7）	160g
烟熏三文鱼	60g
水芹	1把（50g）
帕尔玛干酪（→P25）	10g
鲜奶油	½杯
牛奶	¼杯
盐、粗粒黑胡椒	各少许

烹调时间 ＊ **25分钟**

准备工作

1. 将3L水和1大匙半盐（都为分量外）倒入大锅中，开大火加热。

2. 水芹摘下叶子，茎切成碎末。

3. 烟熏三文鱼切成长3~4cm的片状。

4. 帕尔玛干酪磨碎备用。

制作方法

开始煮意大利面（→P10~11）。

1 煮鲜奶油、牛奶和水芹茎

将鲜奶油、牛奶和水芹茎倒入平底锅中，边搅拌边煮2分钟左右，关火。

2 加入意大利面

意大利面煮好后，马上开火加热1（中火），加入帕尔玛干酪。接着加入沥干水分的意大利面，用夹子搅拌，使酱汁与意大利面混合均匀。尝一下味道，酌情加入一些盐，搅拌均匀。

3 加入烟熏三文鱼和水芹叶装盘完成

关火后加入烟熏三文鱼和水芹叶，搅拌均匀后装盘。撒上粗粒黑胡椒。

窍门

烟熏三文鱼和水芹叶要在关火后加入，用余热加热就可以了。

使用了蘑菇中的皇帝——牛肝菌的意大利面。

猪肉牛肝菌奶油意大利面

材料（2人份）

意大利面（意大利细面→P6）·············· 160g
猪腿肉薄片·································· 150g
牛肝菌（风干）······························· 15g
洋葱·································· ⅓个（50g）
鲜奶油·· ¾杯
盐、粗粒黑胡椒、小麦粉（低筋面粉） 各适量
黄油（无盐）································· 15g

烹调时间 ＊ 25分钟

食材小贴士

牛肝菌（风干）
牛肝菌是意大利料理中经常使用的代表性食材，拥有独特的香味。泡发时吸收了味道的泡发汁，也可以好好利用。

制作方法

 开始煮意大利面
（→P10~11）。

1 煸炒洋葱，加入猪肉

猪肉上撒少许盐和粗粒黑胡椒，再抹上一层薄薄的小麦粉。开中火在平底锅中熔化黄油，加入洋葱煸炒。洋葱炒软后，加入猪肉翻炒均匀。

2 加入牛肝菌

加入牛肝菌，翻炒均匀。

3 加入泡发汁

加入牛肝菌的泡发汁和鲜奶油，边搅拌边煮2分钟左右。关火。

窍门
加入吸收了牛肝菌香味的泡发汁，会使意大利面的味道变得更加浓郁。

4 加入意大利面，装盘完成

意大利面煮好后，马上开火加热3（中火）。加入沥干水分的意大利面，用夹子搅拌，使酱汁与意大利面混合均匀。尝一下味道，酌情加入少许盐，搅拌均匀后装盘。撒上少许粗粒黑胡椒。

准备工作

1.
将3L水和1大匙半盐（都为分量外）倒入大锅中，开大火加热。

2. 在碗中加入刚好没过牛肝菌的水，泡15分钟左右，将牛肝菌泡发。取2大匙泡发汁备用。

3. 洋葱纵向切细丝。

4. 猪肉切成3~4cm长的片状。

蚕豆不用煮，直接下锅炒香。

蚕豆培根奶油意大利面

材料(2 人份)

意大利面（笔尖面→P7）·················160g
蚕豆（带豆荚）·············10~11根（250g）
意大利培根（块状*→P25）············30g
洋葱··⅓个（50g）
鲜奶油··¾杯
黄油（无盐）·································15g
盐、粗粒黑胡椒·····························各少许
＊使用切碎的也可以。

烹调时间 ＊ 25分钟

准备工作

1. 将3L水和1大匙半盐（都为分量外）倒入大锅中，开大火加热。

2. 从豆荚中取出蚕豆，剥去豆子外面的薄皮。

3. 洋葱切碎末。

4. 意大利培根切成5mm宽的条状。

制作方法

 开始煮意大利面（→P10~11）。

1 煸炒意大利培根和洋葱

开中火在平底锅中熔化黄油，加入意大利培根和洋葱，煸炒。

2 加入蚕豆,快速翻炒

洋葱炒软后，加入蚕豆，快速翻炒，直到蚕豆变成鲜绿色为止。

窍门
炒的过程中，蚕豆会吸收意大利培根的香味。

3 加入意大利面和鲜奶油，装盘完成

加入鲜奶油，边搅拌边煮2分钟左右，关火。意大利面煮好后，重新开火（中火）。加入沥干水分的意大利面，用夹子搅拌，使酱汁与意大利面混合均匀。尝一下味道，酌情加入一些盐，搅拌均匀后装盘。撒上粗粒黑胡椒。

粗粒芥末的酸味，使意大利面变得清爽无比。

鸡肉甘蓝奶油意大利面

材料（2人份）	
意大利面（宽缎带面→P7）	160g
鸡胸肉（带皮）	150g
甘蓝	3片（150g）
鲜奶油	¾杯
盐、粗粒黑胡椒、小麦粉（低筋面粉）	各适量
黄油（无盐）	15g
白葡萄酒	1大匙
粗粒芥末	2大匙

烹调时间 ＊ 25分钟

准备工作

1. 将3L水和1大匙半盐（都为分量外）倒入大锅中，开大火加热。

2. 甘蓝切成边长为3~4cm的方块。

3. 鸡肉片成一口大小。

制作方法

 开始煮意大利面（→P10~11）。

1 煎鸡肉，加入白葡萄酒

鸡肉上撒少许盐和粗粒黑胡椒，再抹上一层薄薄的小麦粉。开中火在平底锅中熔化黄油，加入鸡肉，均匀地煎好两面。加入白葡萄酒煮30秒左右。

2 加入甘蓝

加入甘蓝，翻炒均匀。

3 加入鲜奶油和粗粒芥末

加入鲜奶油，边搅拌边煮1~2分钟。加入粗粒芥末，搅拌均匀，关火。

窍门 最后加入粗粒芥末，添加酸味和辣味。

4 加入意大利面，装盘完成

意大利面煮好后，马上开火加热3（中火）。加入沥干水分的意大利面，用夹子搅拌，使酱汁与意大利面混合均匀。尝一下味道，酌情加入少许盐和粗粒黑胡椒，搅拌均匀后装盘。

弹性十足的虾仁，与脆脆的花椰菜是绝配。

虾仁花椰菜奶油意大利面

材料（2人份）

意大利面（意大利细面→P6）·············· 160g
带壳鲜虾······························ 8只（280g）
花椰菜······························· ½棵（净重100g）
莳萝（→P41）························· 适量
鲜奶油······························· ½杯
牛奶································· ¼杯
盐、粗粒黑胡椒、小麦粉（低筋面粉） 各适量
黄油（无盐）··························· 15g
白葡萄酒····························· 1大匙

烹调时间 ＊ **25分钟**

准备工作

1. 将3L水和1大匙半盐（都为分量外）倒入大锅中，开大火加热。

2. 花椰菜切开。

3. 鲜虾去壳，去掉背部的肠线并划出切口。

制作方法

开始煮意大利面（→P10~11）。

1 炒虾仁，加入白葡萄酒

虾仁上撒少许盐和粗粒黑胡椒，再抹上一层薄薄的小麦粉。开中火在平底锅中熔化½的黄油，加入虾仁，翻炒均匀后加入白葡萄酒煮一会儿，将虾仁取出。

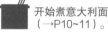

窍门 注意，虾仁不要炒过头，变红之后要马上加入白葡萄酒。

2 炒花椰菜，制作好酱汁后放入虾仁

开中火在平底锅中熔化剩余的黄油，加入花椰菜，快速翻炒。接着加入鲜奶油和牛奶，边搅拌边煮2分钟左右。放入1中的虾仁，关火。

3 加入意大利面，装盘完成

意大利面煮好后，马上开火加热2（中火）。加入沥干水分的意大利面，用夹子搅拌，使酱汁与意大利面混合均匀。尝一下味道，酌情加入少许盐和粗粒黑胡椒，搅拌均匀后装盘。撒上撕碎的莳萝。

加入帕尔玛干酪，打造富有层次感的浓厚味道。

蘑菇培根奶油意大利面

材料（2人份）

意大利面（粗纹通心粉→P7）············· 160g
蘑菇································· 6个
培根（薄片状）················· 3片（60g）
洋葱······························⅓个（50g）
帕尔玛干酪（→P25）················· 10g
鲜奶油····························¾杯
黄油（无盐）····················· 15g
白葡萄酒························· 1大匙
盐、粗粒黑胡椒················· 各少许

烹调时间 * **25分钟**

准备工作

1. 将3L水和1大匙半盐（都为分量外）倒入大锅中，开大火加热。

2. 蘑菇去根，切成3mm厚的薄片。

3. 洋葱切碎末。

4. 培根切成1cm宽的条状。

5. 帕尔玛干酪磨碎备用。

制作方法

 开始煮意大利面（→P10~11）。

1 炒蘑菇、培根和洋葱

开中火在平底锅中熔化黄油，加入蘑菇、培根和洋葱，快速翻炒。

当培根炒出颜色、蔬菜炒软时，就可以了。

窍门 通过煸炒，将培根的香味和油脂转移到蔬菜上。

2 加入白葡萄酒和鲜奶油

加入白葡萄酒煮30秒左右，再加入鲜奶油，边搅拌边煮1分钟左右。关火。

3 加入意大利面，装盘完成

意大利面煮好后，马上开火加热2（中火）。加入沥干水分的意大利面，用夹子搅拌，使酱汁与意大利面混合均匀。尝一下味道，酌情加入一些盐和粗粒黑胡椒，搅拌均匀后装盘。撒上帕尔玛干酪。

出锅时加入芥末，用辣味烘托蔬菜的甜味。

油菜奶油意大利面

材料（2人份）

意大利面（宽缎带面→P7）·············· 160g
油菜·························· ½把（150g）
洋葱··························· ⅓个（50g）
鲜奶油·································· ¾杯
黄油（无盐）····························· 15g
芥末酱·································· 2小匙
盐、胡椒····························· 各少许

烹调时间 ＊ 25分钟

准备工作

1. 将3L水和1大匙半盐（都为分量外）倒入大锅中，开大火加热。

2. 油菜去根，切成5cm长的段。

3. 洋葱纵向切成细丝。

制作方法

 开始煮意大利面（→P10~11）。

1 煸炒洋葱

开中火在平底锅中熔化黄油，加入洋葱煸炒。

2 加入油菜，翻炒均匀

洋葱炒软后，加入油菜，快速翻炒。

3 加入鲜奶油

加入鲜奶油，边搅拌边煮1分钟左右。关火。

4 加入意大利面和芥末酱，装盘完成

意大利面煮好后，马上开火加热3（中火）。加入芥末酱和沥干水分的意大利面，用夹子搅拌，使酱汁与意大利面混合均匀。尝一下味道，酌情加入一些盐和胡椒，搅拌均匀后装盘。

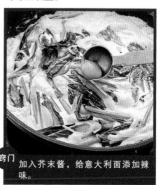

窍门 加入芥末酱，给意大利面添加辣味。

裹满酱汁的绵软土豆，实在是太美味了。

西兰花土豆奶油意大利面

材料（2人份）

意大利面（意大利细面→P6） ………… 160g
西兰花……………………… 1棵（净重150g）
土豆………………………… 3小个（150g）
鲜奶油……………………………………… ½杯
牛奶………………………………………… ¼杯
黄油（无盐）……………………………… 15g
盐、粗粒黑胡椒………………………… 各少许

烹调时间 * 25分钟

准备工作

1. 将3L水和1大匙半盐（都为分量外）倒入大锅中，开大火加热。

2. 西兰花切开，如果块稍大可以纵向切成两半。

3. 土豆带皮洗净，去除上面的芽。

制作方法

开始煮意大利面（→P10~11）。

1 加热土豆

土豆保持带水的状态，分别包上保鲜膜，放入微波炉中加热3分钟左右。

窍门 煮土豆这一步用微波炉代替，就不容易煮得水水的。

冷却后揭下保鲜膜，切成厚7mm的片状。

2 炒西兰花、土豆，加热鲜奶油和牛奶

开中火在平底锅中熔化黄油，加入西兰花和土豆，开始翻炒。当所有食材都沾上黄油后，加入鲜奶油和牛奶，边搅拌边煮2分钟左右。关火。

3 加入意大利面，装盘完成

意大利面煮好后，马上开中火加热2（中火）。加入沥干水分的意大利面，用夹子搅拌，使酱汁与意大利面混合均匀。尝一下味道，酌情加入一些盐，搅拌均匀后装盘。撒上粗粒黑胡椒。

使用大量芹菜，
为意大利面添加了清新的香味和很棒的口感。

牛肉奶油意大利面

材料（2人份）

意大利面（意大利细面→P6）············	160g
牛腿肉薄片·····························	150g
芹菜·································	1根（80g）
洋葱·································	½个（80g）
鲜奶油·······························	¾杯
盐、小麦粉（低筋面粉）············	各适量
胡椒·································	少许
黄油（无盐）·······················	15g
白兰地（或者是威士忌）············	1大匙
粗粒黑胡椒·························	少许

烹调时间 ＊ 25分钟

准备工作

1. 将3L水和1大匙半盐（都为分量外）倒入大锅中，开大火加热。

2. 洋葱纵向切成宽1cm的条状。

3. 切下芹菜叶，然后粗略切成大块。去掉芹菜杆上的筋，切成宽5mm的小段。

4. 牛肉切成长3~4cm的块状。

制作方法

 开始煮意大利面（→P10~11）。

1 煸炒洋葱和芹菜茎，加入牛肉，翻炒均匀

牛肉上撒少许盐和胡椒，再抹上一层薄薄的小麦粉。开中火在平底锅中熔化黄油，加入洋葱和芹菜茎煸炒。炒软后，加入牛肉翻炒均匀。

2 加入白兰地

牛肉变色后，加入白兰地煮30秒左右。

窍门 加入白兰地不但能增加特殊的风味，还能锁住牛肉的香味。

3 加入鲜奶油

加入鲜奶油，边搅拌边煮1分钟左右。关火。

4 加入意大利面，装盘完成

意大利面煮好后，马上开火加热3（中火）。加入沥干水分的意大利面和芹菜叶，用夹子搅拌，使酱汁与意大利面混合均匀。尝一下味道，酌情加入少许盐，搅拌均匀后装盘。撒上粗粒黑胡椒。

出锅时撒上香芹，能同时增加味道和颜色。

肉末香芹奶油意大利面

材料（2人份）

意大利面（意大利扁面→P6）	160g
猪肉末	150g
香芹	8棵
洋葱	½个（80g）
大蒜	½瓣
牛奶	1杯
小麦粉（低筋面粉）	2大匙
黄油（无盐）	25g
盐、胡椒	各适量
西式汤料（颗粒）	¼小匙

烹调时间 ＊ 25分钟

准备工作

1. 将3L水和1大匙半盐（都为分量外）倒入大锅中，开大火加热。

2. 洋葱、大蒜（→P9）和香芹切碎末。

制作方法

 开始煮意大利面（→P10~11）。

1 煸炒洋葱和大蒜，加入肉末

开中火在平底锅中熔化黄油，加入洋葱和大蒜煸炒。当大蒜炒出香味时，加入肉末，翻炒均匀。

肉末要炒成粒粒分明的状态，洋葱要炒出颜色。

窍门 炒肉末时，要边搅拌边耐心煸炒，将肉末中的水分炒干。

2 加入小麦粉和牛奶

加入小麦粉后继续翻炒，炒到看不见干面粉时，加入牛奶、西式汤料、少许盐和胡椒，边搅拌边煮2~3分钟。关火。

3 加入意大利面和香芹，装盘完成

意大利面煮好后，马上开火加热2（中火）。加入沥干水分的意大利面和香芹（留出少量做装饰），用夹子搅拌，使酱汁与意大利面混合均匀。尝一下味道，酌情加入少许盐和胡椒，搅拌均匀后装盘。撒上装饰用的香芹。

甜甜的红薯和咸香的生火腿，
打造出了富有层次感的味道。

红薯生火腿奶油
意大利面

材料（2人份）

意大利面（意大利细面→P6）	160g
红薯	½个（200g）
生火腿	3片（30g）
鼠尾草叶	10片
鲜奶油	¾杯
盐	适量
胡椒	少许
黄油（无盐）	15g
粗粒黑胡椒	少许

烹调时间 ＊ 25分钟

食材小贴士

鼠尾草
香草的一种，特征是鲜绿的颜色和特殊的香味。常用于制作肉类料理或搭配黄油、奶油等制成浓厚的酱汁。

准备工作

1. 将3L水和1大匙半盐（都为分量外）倒入大锅中，开大火加热。

2. 红薯带皮洗净。

3. 生火腿切成3~4cm长的片状。

制作方法

 开始煮意大利面（→P10~11）。

1 加热红薯

红薯保持带水的状态包上保鲜膜，放入微波炉中加热3~4分钟。冷却后揭下保鲜膜，切成1cm厚的半月形。

2 烤红薯

开中火在平底锅中熔化黄油，加入红薯，均匀地烤好两面。撒上少许盐和胡椒。

窍门
烤一下红薯，使其带上美味的焦香。

3 加入鲜奶油和鼠尾草

将鲜奶油和鼠尾草加入2中。边搅拌边煮1分钟左右，关火。

4 加入意大利面和生火腿，装盘完成

意大利面煮好后，马上开火加热3（中火）。加入沥干水分的意大利面和生火腿，用夹子搅拌，使酱汁与意大利面混合均匀。尝一下味道，酌情加入少许盐，搅拌均匀后装盘。撒上粗粒黑胡椒。

猪肉的肉香、苹果的酸味和核桃的香味，
搭配得堪称绝妙。

猪肉苹果奶油意大利面

材料（2人份）

意大利面（蝴蝶面→P7）·················· 160g
猪里脊肉（块状）······················· 150g
苹果·······························½个（净重80g）
核桃（去壳）··························· 15g
鲜奶油······························· ¾杯
盐、粗粒黑胡椒、小麦粉（低筋面粉）各适量
黄油（无盐）··························· 15g
白葡萄酒····························· 2大匙

烹调时间 ＊ 25分钟

准备工作

1. 将3L水和1大匙半盐（都为分量外）倒入大锅中，开火加热。

2. 核桃切成6~7mm的小块。放入平底锅中，炒至变色。

3. 苹果纵向切成两半，去核，切成5~6mm厚的片状。

4. 猪肉切成7mm厚的片状。

制作方法

开始煮意大利面（→P10~11）。

1 煎猪肉，加入苹果

猪肉上撒少许盐和粗粒黑胡椒，再抹上一层薄薄的小麦粉。开中火在平底锅中熔化黄油，加入猪肉，均匀地煎好两面。再加入苹果，翻炒均匀。

2 加入白葡萄酒

加入白葡萄酒，盖上锅盖，煮30~40秒。

窍门 用白葡萄酒煮猪肉，能保证猪肉里面也充分受热。

3 加入鲜奶油和意大利面，装盘完成

加入鲜奶油，边搅拌边煮1分钟左右。关火。意大利面煮好后，马上开火加热平底锅（中火）。加入核桃和沥干水分的意大利面，用夹子搅拌，使酱汁与意大利面混合均匀。尝一下味道，酌情加入一些盐，搅拌均匀后装盘。撒上少许粗粒黑胡椒。

微苦的茼蒿和鸡肉很配。
也可以用油菜或青梗菜代替茼蒿。

鸡肉茼蒿奶油意大利面

材料（2人份）

意大利面（意大利细面→P6）··············	160g
鸡腿肉（带皮）··························	150g
茼蒿······························	⅓把（70g）
洋葱······························	⅓个（50g）
牛奶······························	1杯
盐、粗粒黑胡椒····················	各适量
小麦粉（低筋面粉）················	2大匙
黄油（无盐）······················	25g
西式汤料（颗粒）··················	¼小匙

烹调时间 ＊ 25分钟

准备工作

1. 将3L水和1大匙半盐（都为分量外）倒入大锅中，开大火加热。

2. 茼蒿摘下叶子，茎切成小段。

3. 洋葱切碎末。

4. 鸡肉片成一口大小。

制作方法

 开始煮意大利面（→P10~11）。

1 炒茼蒿的茎和洋葱，加入鸡肉

鸡肉上撒少许盐和粗粒黑胡椒。开中火在平底锅中熔化黄油，加入茼蒿的茎和洋葱，开始翻炒。洋葱变软后，加入鸡肉，翻炒均匀。

2 撒小麦粉

加入小麦粉，不停用木铲翻炒。

窍门
加入小麦粉后，酱汁会变黏稠，也就更容易吸附到意大利面上。

3 加入牛奶和汤料

炒到看不见干面粉时，加入牛奶和西式汤料。边搅拌边煮1~2分钟，关火。

4 加入意大利面和茼蒿叶，装盘完成

意大利面煮好后，马上开火加热3（中火）。加入沥干水分的意大利面，用夹子搅拌，使酱汁与意大利面混合均匀。关火，加入茼蒿叶，充分搅拌。尝一下味道，酌情加入少许盐，搅拌均匀后装盘。撒上少许粗粒黑胡椒。

浓香柔滑的酱汁，
很适合搭配笔尖面。

卡门贝尔奶酪意大利面

材料（2人份）

意大利面（笔尖面→P7）	160g
卡门贝尔奶酪	60g
香葱（→P59）	适量
鲜奶油	½杯
白葡萄酒	1大匙
盐、粗粒黑胡椒	各少许

烹调时间 ＊ **25分钟**

食材小贴士

卡门贝尔奶酪
原产于法国北部卡门贝尔的
软质奶酪。特征是有少许咸
味和牛奶般的香味。

准备工作

1. 将3L水和1大匙半盐
（都为分量外）倒入大
锅中，开火加热。

2. 切去香葱根部。

制作方法

 开始煮意大利面（→P10~11）。

1 煮卡门贝尔奶酪、鲜奶油和白葡萄酒

将卡门贝尔奶酪掰碎
后放入平底锅中，接
着放入鲜奶油和白葡
萄酒，边搅拌边开中
火加热。

煮至黏稠状态后，关
火。

窍门
用木铲划一下锅底，
如果能划出一条明显
的痕迹，就表示煮得
差不多了。

2 加入意大利面，装盘完成

意大利面煮好后，马上开火加
热1（中火）。加入沥干水分的
意大利面，用夹子搅拌，使酱
汁与意大利面混合均匀。尝一
下味道，酌情加入一些盐，搅
拌均匀后装盘。撒上香葱和粗
粒黑胡椒。

带有刺激性辣味的奶酪，
与焦香的松子配合得天衣无缝。

戈尔贡左拉奶酪
意大利面

材料（2人份）

意大利面(意大利细面→P6) ·············	160g
戈尔贡左拉奶酪(→P83)·················	60g
松子(→P43)·······················	10g
鲜奶油·························	½杯
白葡萄酒·····················	1大匙
盐、胡椒 ·····················	各少许

烹调时间 ＊ 25分钟

准备工作

1. 将3L水和1大匙半盐（都为分量外）倒入大锅中，开火加热。

2. 松子放入平底锅，炒至略微变色。

制作方法

 开始煮意大利面（→P10~11）。

1 煮戈尔贡左拉奶酪、鲜奶油和白葡萄酒

将戈尔贡左拉奶酪掰碎后放入平底锅中，接着放入鲜奶油和白葡萄酒，边搅拌边开中火加热。

煮至黏稠状态后，关火。

> **窍门** 用木铲划一下锅底，如果能划出一条明显的痕迹，就表示煮得差不多了。

2 加入意大利面和松子，装盘完成

意大利面煮好后，马上开火加热1（中火）。加入沥干水分的意大利面和松子，用夹子搅拌，使酱汁与意大利面混合均匀。尝一下味道，酌情加入一些盐和胡椒，搅拌均匀后装盘。

> **窍门** 为了保留松子的焦香，要等到出锅时再放。

奶酪的咸味和酸味，
打造出了口感柔和的酱汁。

南瓜奶油奶酪意大利面

材料（2人份）

意大利面（意大利细面→P6）·············· 160g
南瓜·················· 1/12（净重150g）
奶油奶酪·························· 100g
洋葱··························· ⅓个（50g）
牛奶····························· ½杯
黄油（无盐）······················· 15g
盐、粗粒黑胡椒·················· 各少许

烹调时间 ＊ 25分钟

食材小贴士　　奶油奶酪
由鲜奶油或奶油和牛奶的混合物制成的未熟成奶酪。特征是爽口的酸味和柔滑的口感。常用于制作沙拉和蛋糕。

准备工作

1.

将3L水和1大匙半盐（都为分量外）倒入大锅中，开大火加热。

2. 南瓜切成7mm厚、一口大小的扇形。

3. 洋葱切碎末。

制作方法

 开始煮意大利面（→P10~11）。

1 炒南瓜和洋葱

开中火在平底锅中熔化黄油，加入南瓜和洋葱翻炒。

2 加入牛奶，煮一会儿

当所有食材都沾上黄油后，加入牛奶，盖上锅盖煮2~3分钟。

3 加入奶油奶酪

加入奶油奶酪，翻炒均匀，关火。

窍门
边搅拌边用锅中的汤汁熔化奶油奶酪。

4 加入意大利面，装盘完成

意大利面煮好后，马上开火加热3（中火）。加入沥干水分的意大利面，用夹子搅拌，使酱汁与意大利面混合均匀。尝一下味道，酌情加入一些盐和粗粒黑胡椒，搅拌均匀后装盘。

热热的奶酪入口即化，
让人欲罢不能。

芦笋马苏里拉奶酪
意大利面

材料（2人份）

意大利面（意大利细面→P6）·········· 160g
芦笋·························4根（150g）
马苏里拉奶酪（→P48）················ 50g
鲜奶油····························½杯
黄油（无盐）······················· 15g
白葡萄酒··························1大匙
盐、粗粒黑胡椒···················各少许

烹调时间 * 25分钟

准备工作

1. 将3L水和1大匙半盐
（都为分量外）倒入大
锅中，开大火加热。

2. 切去芦笋的根部，切成
3~4cm长的小段。

3. 马苏里拉奶酪切成5mm宽
的半月形。

制作方法

 开始煮意大利面（→P10~11）。

1 炒芦笋，加入
白葡萄酒

开中火在平底锅中熔
化黄油，加入芦笋，
开始翻炒。加入白葡
萄酒煮30秒左右。

2 加入鲜奶油、
马苏里拉奶酪

加入鲜奶油，边搅拌
边煮1分钟左右。再加
入马苏里拉奶酪，搅
拌均匀，关火。

窍门 边用木铲搅拌边将马
苏里拉奶酪熔化到汤
汁中。

3 加入意大利面，
装盘完成

意大利面煮好后，马
上开火加热2（中火）。
加入沥干水分的
意大利面，用夹子搅
拌，使酱汁与意大利面混合均匀。尝一
下味道，酌情加入一些盐，搅
拌均匀后装盘。撒上粗粒黑胡
椒。

使用玉米罐头，简单中不失美味。

玉米浓汤

材料（2人份）

奶油玉米（罐头）	150g
洋葱	⅓个（50g）
黄油（无盐）	10g
牛奶	¾杯
西式汤料（颗粒）	½小匙
盐	少许
肉豆蔻（如果有的话）	少许

制作方法

烹调时间 ＊ **10分钟**

1 洋葱切碎末。

2 开中火在锅中熔化黄油，加入1翻炒。炒软后，加入玉米、牛奶、西式汤料和盐，搅拌均匀后煮一会儿。煮开后盛到碗中，撒上肉豆蔻。

带有浓厚蒜香味的意式鸡蛋汤。

罗马风鸡蛋汤

材料（2人份）

			汤	
鸡蛋	2个		水	1½杯
洋葱	⅓个（50g）		白葡萄酒	1大匙
大蒜	1瓣		西式汤料（颗粒）	½小匙
香芹	4棵		盐、粗粒黑胡椒	各少许
橄榄油	1大匙			

烹调时间 ＊ **15分钟**

制作方法

1 洋葱、大蒜和香芹切碎末。

2 橄榄油倒入锅中，开中火加热，加入洋葱和大蒜煸炒。炒出香味后，加入汤的配料，改大火。煮开后再改小火，煮5分钟左右。

3 鸡蛋在碗中打散，然后倒入2中。到半熟状态后，盛到碗中，撒上香芹。

将酸甜可口的番茄的营养，全部融入这道汤中。

番茄清汤

材料（2人份）

		汤	
番茄……………………… 2个		水 ……………………1¼杯	
洋葱……………… ⅓个（50g）		白葡萄酒 …… 1大匙	
大蒜……………………… ½瓣		西式汤料（颗粒） ½小匙	
香芹……………………… 1棵		盐、胡椒 …… 各少许	
橄榄油…………………… 1大匙			

烹调时间 ＊ **15分钟**

制作方法

1 番茄去蒂,用刀在底部轻轻划出十字切口。锅中烧开热水,以蒂朝下的状态放入番茄,煮20秒左右,捞出后过冷水,剥皮。纵向切成8等份。

2 洋葱纵向切成条状,大蒜和香芹切碎末。

3 橄榄油倒入锅中,开中火加热,加入洋葱和大蒜煸炒。炒出香味后,加入番茄快速翻炒,再加入汤的配料,调成大火。煮开后再调成小火,煮1分钟左右。

4 盛入碗中,撒上香芹。

制作这款汤的窍门是将微波炉加热过的洋葱再炒一遍,炒出甜味。

洋葱汤

材料（2人份）

		汤	
洋葱………… 2个（300g）		水 ……………………1½杯	
大蒜……………………… ½瓣		白葡萄酒 …… 1大匙	
法棍面包（切成1cm厚的片		西式汤料（颗粒） ½小匙	
状）……………………… 2片		粗粒黑胡椒 …… 少许	
披萨用奶酪………………… 30g			
橄榄油…………………… 1大匙			

烹调时间 ＊ **30分钟**

制作方法

1 洋葱纵向切成条状,放在耐高温的碗中,放入微波炉加热5分钟左右。取出后搅拌一下,再加热5分钟左右。大蒜切成碎末。

2 将橄榄油和1倒入锅中,开小火加热,连续翻炒10分钟左右,一直炒到变成焦黄色为止。加入汤的配料,改大火。煮开后再改小火,煮5分钟左右。

3 将½的奶酪放到法棍面包上,然后一起放入多士炉烤2~3分钟。

4 将2盛入碗中,放上3,最后撒上剩余的奶酪和粗粒黑胡椒。

只需用番茄汁煮培根和野菜就能做好的汤。

蔬菜浓汤

材料（2人份）

		汤
培根（薄片状）……… 2片	⌈ 水 ……………… ½杯
芹菜………… 2根（100g）	│ 白葡萄酒 …… 1大匙
洋葱……… 2/3个（100g）	│ 西式汤料（颗粒）… ⅓小匙
大蒜……………… 1瓣	└ 胡椒 ……… 少许
番茄汁（现成的，无盐型）	
………………… 1½杯	辣椒粉…………… 少许
芹菜叶…………… 适量	
橄榄油…………… 1大匙	

烹调时间 ＊ **25分钟**

制作方法

1 芹菜去筋，和洋葱一起切成1cm的小段。大蒜切碎末。培根切成5mm宽的条状。

2 橄榄油倒入锅中，开中火加热，加入1煸炒。蔬菜炒软后，加入番茄汁和汤的配料，改大火。煮开后再改小火，煮15分钟左右。

3 盛入碗中，撒上芹菜叶和辣椒粉。

葛缕子受热之后会散发出浓烈的诱人香味。

甘蓝洋葱汤

材料（2人份）

		汤
甘蓝…………3片（150g）	⌈ 水 …………… 1½杯
洋葱………… ⅓个（50g）	│ 西式汤料（颗粒）
大蒜……………… ½瓣	│ …………… ½小匙
葛缕子…………… ⅓小匙	└ 盐、胡椒 … 各少许
橄榄油…………… 1大匙	

烹调时间 ＊ **25分钟**

制作方法

1 甘蓝切成4cm长、5mm宽的细丝，洋葱纵向切成细丝。大蒜切碎末。

2 将1小匙橄榄油倒入锅中，开中火加热，加入1煸炒。炒软后，加入汤的配料，改大火。煮开后再改小火，煮15分钟左右。

3 将葛缕子和2小匙橄榄油倒入小一点的平底锅中，开中火加热，锅要保持倾斜状态。当锅中冒出小泡、葛缕子全部裂开后，关火，将其倒到2上。

PART 4

这种意大利面也不错

冷制意大利面
汤面　煮汁意大利面
焗面

本章中汇集了很多种美味意大利面。

有凉凉的冷制意大利面、加汤的汤面、

酱汁经过炖煮的煮汁意大利面，

还有用烤箱烤出的千层面和焗面等等。

如果吃腻了普通的意大利面，

请一定要尝试一下这些意大利面。

辛辣而清爽的调味汁，打造出这款冷制意大利面。

灯笼椒柠檬冷面

制作这款冷制意大利面时，要将刚煮好的意大利面直接加入调味汁中，一边搅拌一边使
其冷却。由于意大利面是热的，所以能够很好地吸收调味汁。配上颜色艳丽的灯笼椒，
卖相和味道都提升了一个档次。

材料（2人份）

意大利面（贝壳面→P7）	…… 160g
灯笼椒（红、黄）… 各½个	（各80g）
洋葱	⅓个（50g）
小茴香	适量

调味汁

橄榄油	3大匙
柠檬汁	2大匙
蜂蜜	½小匙
盐	¼小匙
辣椒粉	少许

烹调时间 ＊ **30分钟**

食材小贴士

小茴香

伞形科多年生植物，日文名也叫茴香。特点是清爽的香味和甜味。常用于制作沙拉、凉拌菜和汤等。

准备工作

1. 将3L水和1大匙半盐（都为分量外）倒入大锅中，开大火加热。

2. 洋葱切碎末，在水中揉搓去除辣味后，挤干水分。

3. 灯笼椒去蒂去籽。

制作方法

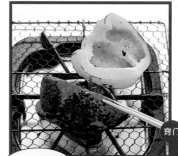

1 烤灯笼椒

烤网开稍大的中火预热后，将灯笼椒皮朝下放到网上，烤2~3分钟。翻面，再烤2~3分钟。

窍门 烤成有些糊的黑色，更容易引出灯笼椒的甜味。

> 仔细将糊掉的地方剥掉

2 剥皮

烤好后放入冷水中冷却，剥皮。切成7mm见方的小块。

🍲 开始煮意大利面（→P10~11）。

3 制作调味汁

将调味汁的材料倒入一个大碗中，充分搅拌。

窍门 要一直用打蛋器搅拌，直到调味汁变得有些发白、乳化为止。

4 加入灯笼椒、洋葱和意大利面

将2和洋葱加入3中。意大利面煮好后，也沥干水分加入3中。

5 搅拌均匀，装盘完成

一边搅拌一边使意大利面冷却。搅拌均匀后盛入盘中，撒上撕碎的小茴香。

窍门 为了使意大利面充分吸收调味汁，一定要充分搅拌。

加入大量番茄碎的调味汁，口感非常清爽。

烤茄子番茄冷面

将加入了大量番茄的调味汁拌到意大利面里，最后再放上大块的烤茄子，是一
款能够充分品尝到蔬菜清甜香味的意大利面。面条最好选择细细的天使细面，
爽滑的口感一定会让你难以忘怀。

意大利面（天使细面→P6）……160g
茄子……………………… 3个（250g）
番茄……………………… 2个（300g）
大蒜…………………………… ½瓣
香芹…………………………… 4棵

调味汁
- 橄榄油………………………… 3大匙
- 白葡萄酒……………………… 1大匙
- 盐……………………………… ¼小匙
- 粗粒黑胡椒………………… 少许

烹调时间 ＊ **30分钟**

准备工作

1. 将3L水和1大匙半盐（都为分量外）倒入大锅中，开大火加热。

2. 茄子去蒂。

窍门 用刀在蒂的根部划出切口，这样就能很方便地将蒂取下。

3. 番茄去蒂，用刀在底部轻轻划出十字切口。

4. 香芹和大蒜（→P9）切碎末。

制作方法

将番茄煮至切口略微裂开的状态

1 煮番茄并剥皮

煮意大利面的热水沸腾后，以蒂朝下的状态放入番茄，煮20秒左右。捞出番茄，放入冷水中冷却，剥皮。切成1cm见方的方块。关火。

2 制作调味汁，加入大蒜和番茄

将调味汁的材料倒入一个大碗中，充分搅拌，加入大蒜和番茄，搅拌均匀。

窍门 搅拌会将番茄的清香和甜味转移到调味汁中。

重新开火加热1的锅，开始煮意大利面（→P10~11）。

3 烤茄子

烤网开稍大的中火预热后，放上茄子，边翻动边烤。

窍门 烤成有些糊的黑色，更容易引出茄子的甜味。

4 剥皮

烤好后放入冷水中冷却，剥皮。保留茄子的蒂，将其纵向切成两半，用竹签将中间的籽划开。

5 搅拌

将香芹加入2中。意大利面煮好后，也沥干水分加入2中。搅拌均匀后盛入盘中，放上4。

突出柠檬酸味的调味汁，
吃起来非常清爽。

鸡丝嫩叶沙拉冷面

材料（2人份）

意大利面（意大利细面→P6）·········· 160g
鸡胸肉（带皮）······························· 150g
嫩菜叶······························ 1把（50g）
白葡萄酒··································· 1½大匙

调味汁
┌ 橄榄油 ···································· 2大匙
│ 柠檬汁 ···································· 1大匙
│ 盐 ··· ¼小匙
└ 粗粒黑胡椒 ······························ 少许

烹调时间 ＊ **25分钟**

准备工作

1. 将3L水和1大匙半盐（都为分量外）倒入大锅中，开大火加热。

2. 嫩菜叶洗净，沥干水分。

3. 鸡肉切成两半。

制作方法

 开始煮意大利面（→P10~11）。

1 加热鸡肉

将鸡肉放到耐高温盘子中，洒上白葡萄酒。松松地包上保鲜膜，放入微波炉中加热3分钟左右。冷却后，去皮撕成细丝。加热时出的汁留下备用（鸡皮也可以切成细丝使用）。

2 将鸡肉出的汁加入调味汁中

将调味汁的材料倒入一个大碗中，再加入1中鸡肉出的汁，用打蛋器充分搅拌。

窍门 将鸡肉出的汁加入调味汁中，使调味汁变得更加鲜美。

3 加入意大利面，装盘完成

意大利面煮好后，沥干水分加入2中，一边搅拌一边使意大利面冷却。将意大利面盛入铺满嫩菜叶的盘子中，放上1。

将意大利面在冰水中过一遍，
使其充分冷却。

金枪鱼冷制意大利面

材料(2 人份)

意大利面（意大利细面→P6）	160g
金枪鱼（刺身用）	150g
洋葱	10g
大蒜	¼瓣
A 橄榄油	2大匙
醋、淡口酱油	各1小匙
盐	¼小匙
粗粒黑胡椒	少许
橄榄油	1大匙
粗粒黑胡椒	少许

烹调时间 ∗ **25分钟**

准备工作

1. 将3L水和1大匙半盐
（都为分量外）倒入大
锅中，开大火加热。

2. 洋葱切碎末，取出1大匙，
在水中揉搓去除辣味后，挤干
水分。

3. 大蒜磨碎备用。

4. 金枪鱼切成5mm见方的小块。

制作方法

 开始煮意大利面（→P10~11）。
要比包装袋标注的多煮30秒。

1 给金枪鱼调味

将金枪鱼放入碗中，
加入洋葱、大蒜和
A，充分搅拌。

2 浸入冰水中

将冰水倒入另一个大
碗中，意大利面煮好
后，马上沥干水分浸
入冰水中冷却。

窍门 急速冷却后，意大利
面难免会变硬，所以
开始时要多煮一会
儿。

3 浇上橄榄油

用笊篱捞出意大利面沥干后，
浇上橄榄油，充分搅拌。盛入
盘中，放上1并撒上粗粒黑胡
椒。

最后撒上切成薄片的帕尔玛十酪，
来增加整体的风味。

虾夷扇贝冷制意大利面

材料（2人份）	
意大利面（意大利特细面→P6）	160g
虾夷扇贝（刺身用）	4个
芝麻菜（→P47）	30g
洋葱	¼个（40g）
帕尔玛干酪（→P25）	10g
调味汁	
├ 橄榄油	3大匙
│ 醋	2大匙
│ 盐	¼小匙
└ 胡椒	少许

烹调时间 ＊ **25分钟**

准备工作

1. 将3L水和1大匙半盐（都为分量外）倒入大锅中，开大火加热。

2. 洋葱切碎末，在水中揉搓去除辣味后，挤干水分。

3. 切开芝麻菜的茎和叶。

4. 虾夷扇贝横向切成3~4等份。

5. 帕尔玛干酪切薄片。

制作方法

 开始煮意大利面（→P10~11）。要比包装袋标注的多煮30秒。

1 制作调味汁，煮意大利面

将调味汁的材料倒入一个大碗中，充分搅拌。将冰水倒入另一个大碗中，意大利面煮好后，马上沥干水分浸入冰水中冷却。用笊篱捞出意大利面，沥干水分。

2 搅拌

将洋葱和意大利面加入1的调味汁中，搅拌均匀。

3 装盘

将2盛入盘中，摆好虾夷扇贝和芝麻菜。撒上帕尔玛干酪。

窍门
将意大利面堆成小山的形状，虾夷扇贝放在中央。摆得越立体卖相越好。

罗勒清爽的香味充分扩散到意大利面中。

章鱼罗勒冷制意大利面

材料（2人份）

意大利面（意大利细面→P6）·············160g
章鱼（煮好的章鱼腿）··················100g
罗勒·······························10片

调味汁
- 橄榄油 ······················· 2大匙
- 醋 ··························· 1大匙
- 盐 ··························· ¼小匙
- 粗粒黑胡椒 ···················· 少许

烹调时间 ＊ **25分钟**

准备工作

1. 将3L水和1大匙半盐（都为分量外）倒入大锅中，开大火加热。

2. 罗勒切碎末。

3. 将章鱼片成5mm厚的片状，片的时候要用波浪形走刀。

制作方法

 开始煮意大利面（→P10~11）。要比包装袋标注的多煮30秒。

1 制作调味汁

将调味汁的材料倒入一个大碗中，用打蛋器充分搅拌。

2 加入章鱼和罗勒

将章鱼和罗勒加入1中，充分搅拌。将冰水倒入另一个大碗中备用。

3 加入意大利面，装盘完成

意大利面煮好后，马上沥干水分浸入冰水中冷却。用笊篱捞出意大利面，沥干水分，加入2中，搅拌均匀后装盘。

窍门 加入冷却的意大利面后，要好好搅拌，使调味汁的味道渗入意大利面中。

饱含大海味道的意大利汤面。

花蛤意大利汤面

来自清美老师的
小建议

汤汁中原封不动地保留了花蛤的鲜味。除了主角花蛤之外，芹菜、洋葱和大蒜等
带香味的配料，也是制作这道意大利汤面不可或缺的功臣。通过煸炒，将食材的
甜味引出来，打造出极富层次感的美味口感。

材料（2人份）

意大利面（意大利细面→P6）… 160g
带壳花蛤（去沙）………1袋（250g）
芹菜……………………… ½根（50g）
洋葱……………………… ⅓个（50g）
大蒜…………………………… ½瓣
橄榄油…………………………… 1大匙
白葡萄酒………………………… 1½大匙

A ┌ 水 …………………………… 1½杯
　│ 颗粒汤料（鸡肉味）…… ¼小匙
　└ 盐、胡椒 ………………… 各少许

烹调时间 ＊ **25分钟**

准备工作

1. 将3L水和1大匙半盐（都为分量外）倒入大锅中，开大火加热。

2. 切开芹菜的叶子和茎。叶子撕碎，茎去筋后切成薄片。

3. 洋葱纵向切成细丝。

4. 大蒜切碎末（→P9）。

5. 洗净花蛤的壳，沥干水分。

制作方法

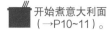 开始煮意大利面（→P10~11）。

1 煸炒芹菜、洋葱和大蒜，加入花蛤

将橄榄油、芹菜茎、洋葱和大蒜倒入平底锅中，开小火煸炒。当大蒜炒出香味时，改中火，加入花蛤，翻炒均匀。

窍门 一定要将带有香味的材料炒软，充分引出它们的甜味后，再加入花蛤。

2 加入白葡萄酒

加入白葡萄酒，煮开。

用白葡萄酒提升风味

3 加入汤汁

加入A，改大火。煮开后盖上锅盖，改稍弱的中火，煮1~2分钟。花蛤全部打开后，关火。

4 加入意大利面，装盘完成

意大利面煮好后，马上开火加热3（中火）。加入沥干水分的意大利面，用夹子搅拌，使酱汁与意大利面混合均匀。再加入芹菜叶，搅拌均匀后装盘。

窍门 充分搅拌，使意大利面吸收花蛤的鲜味。

使用现成的番茄汁，
快速做出这款美味的意大利面。

西班牙风冷汤
意大利面

材料（2人份）

意大利面（天使细面→P6）············	160g
黄瓜····························	1/5根（20g）
青椒····························	1个（40g）
洋葱····························	1/5个（30g）
罗勒····························	适量
大蒜····························	½瓣
番茄汁（市售，无盐型）········	1½杯
A ┌ 白葡萄酒 ················	1大匙
┗ 盐、胡椒、塔巴斯哥辣酱 ·······	各少许
橄榄油····························	2大匙

烹调时间 ＊ **25分钟**

准备工作

1. 将3L水和1大匙半盐（都为分量外）倒入大锅中，开大火加热。

2. 黄瓜切成边长3mm的小块。

3. 青椒纵向对切开，去蒂去籽。½保留备用，剩下的都切成边长3mm的小块。

4. 洋葱切成边长2cm见方的小块。

制作方法

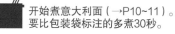

开始煮意大利面（→P10~11）。要比包装袋标注的多煮30秒。

1 将材料加入搅拌机中

将没切的青椒、洋葱、大蒜（没切的）、A和番茄汁加入搅拌机中，开始搅拌。

2 搅拌完成

当搅拌到细腻光滑的状态时，就算搅拌完成了。盛入盘中。

窍门 将所有食材搅拌成细腻没有大块的状态，就可以了。

3 加入意大利面，装盘完成

将冰水倒入一个大碗中备用。意大利面煮好后，马上沥干水分浸入冰水中冷却。用笊篱捞出意大利面并沥干水分，倒入另一个碗中。加入1大匙橄榄油，搅拌均匀后装入放有2的盘子中。放上切成小块的黄瓜、青椒和罗勒叶。在汤中滴上1大匙橄榄油。

加入咖喱粉的汤汁，味道非常浓郁。

鸡肉咖喱汤面

材料（2人份）

意大利面（意大利细面→P6）············· 160g
鸡腿肉（带皮）·························· 150g
迷你番茄······························ 8个
水芹································· 30g
洋葱······························· ⅓个（50g）
大蒜································ ½瓣
盐、粗粒黑胡椒······················ 各少许
橄榄油····························· 1大匙
咖喱粉····························· 1½大匙

A
　水····························· 1¼杯
　白葡萄酒、番茄酱 ··············· 各1大匙
　西式汤料（颗粒）················· ½小匙
　盐、胡椒························ 各少许

烹调时间 ＊ **25分钟**

准备工作

1.
 将3L水和1大匙半盐（都为分量外）倒入大锅中，开大火加热。

2. 迷你番茄去蒂。

3. 水芹切去较硬的根部。

4. 洋葱和大蒜（→P9）切碎末。

5. 鸡肉切成一口大小。

制作方法

 开始煮意大利面（→P10~11）。

1 煎鸡肉，加入洋葱和大蒜

鸡肉上撒少许盐和粗粒黑胡椒。橄榄油倒入平底锅中，开中火加热，将鸡肉皮朝下放入锅中，均匀地煎好两面。加入洋葱和大蒜，翻炒均匀。

窍门 将表面煎得焦脆，充分封住鸡肉的香味。

2 加入咖喱粉，翻炒均匀

当大蒜炒出香味时，加入咖喱粉，翻炒均匀。

窍门 要充分翻炒，炒出咖喱粉的香味。

3 加入意大利面和汤汁

炒到看不见咖喱粉时，加入A，改大火。煮开后改稍弱的中火，煮3~4分钟。关火。在意大利面煮好前30秒开火加热平底锅（中火），加入迷你番茄煮一会儿。意大利面沥干水分，加入锅中，用夹子搅拌，使汤汁与意大利面混合均匀。装盘。撒上水芹。

意大利博洛尼亚的著名料理。

牛肉酱意大利面

这道意大利面的原名"Bolognese"，在意大利语中是肉酱的意思。制作时既要炒又要炖，非常花时间，建议大家一次多做一些，一起来享受牛肉与蔬菜搭配出的奢侈美味吧。

**来自清美老师的
小建议**

材料（意大利面为2人份，酱汁为4人份）

意大利面（意大利细面→P6）⋯160g

肉酱（做好后约600g）

牛肉馅⋯⋯⋯⋯⋯⋯⋯⋯⋯⋯	400g
水煮番茄（罐头→P19）⋯⋯	1大罐（400g）
芹菜⋯⋯⋯⋯⋯⋯⋯⋯	2棵（100g）
洋葱⋯⋯⋯⋯⋯⋯⋯⋯	1个（150g）
大蒜⋯⋯⋯⋯⋯⋯⋯⋯⋯	1瓣
月桂叶⋯⋯⋯⋯⋯⋯⋯⋯	1片
橄榄油⋯⋯⋯⋯⋯⋯⋯⋯	2大匙
A ┌ 红葡萄酒⋯⋯⋯⋯⋯⋯	½杯
├ 西式汤料（颗粒）⋯⋯	¼小匙
└ 盐、胡椒⋯⋯⋯⋯⋯	各少许
盐、胡椒⋯⋯⋯⋯⋯⋯⋯⋯	各少许
香芹⋯⋯⋯⋯⋯⋯⋯⋯⋯⋯	8棵

烹调时间 ＊ **45分钟**

食材小贴士 月桂叶

将月桂树的叶子风干后制成的香料。常用于给奶汁炖菜、浓汤和肉类料理提味。

准备工作

1. 芹菜、洋葱、香芹和大蒜（→P9）切碎末。

2. 用手捏碎水煮番茄。酱状的可以直接使用。

肉酱的保存方法

充分冷却后装入密封袋中保存。放入冰箱冷藏室可以保存4天左右，冷冻室则可以保存2周左右。冷冻的肉酱要先在室温下自然解冻才能使用。可以用于制作千层面（→P152）和其他多种料理。

制作方法

🍲 将3L水和1大匙半盐（都为分量外）倒入大锅中，开大火加热。

1 煸炒带香味的蔬菜

将橄榄油倒入平底锅中，开中火加热，加入芹菜、洋葱和大蒜，煸炒5分钟左右。

窍门 边用木铲搅拌边煸炒，要将蔬菜的甜味全部引出来。

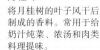 稍微变色后，加入牛肉馅

2 加入牛肉馅

加入牛肉馅，翻炒3分钟左右，使食材中的水分蒸发。

3 加入水煮番茄、汤料和月桂叶

加入水煮番茄、A和月桂叶，翻炒均匀。煮开后改小火，再煮20分钟左右，在此过程中要不时搅拌几下。

窍门 当牛肉馅变成粒粒分明的状态时，加入水煮番茄和其他食材。

🍲 开始煮意大利面（→P10~11）。

4 收汁

当酱汁变黏稠时，就算收完汁了。关火后取出½保存起来。

窍门 要煮到水分蒸发、酱汁变得非常粘为止。

5 加入意大利面，装盘完成

意大利面煮好后，马上开火加热4（中火）。加入沥干水分的意大利面，用夹子搅拌，使酱汁与意大利面混合均匀。尝一下味道，酌情加入一些盐和胡椒，搅拌均匀后装盘。撒上香芹。

羊肉独特的味道和口感，是这道意大利面的美味之源。

羊排迷迭香意大利面

来自清美老师的
小建议

用吸收了大蒜香味的油煎羊排，再加入迷迭香一起煮，从而打造出绝妙的美味。羊肉的味道
融入汤汁中，同时也被意大利面吸收。相信只要吃过一次，你就会无可救药地爱上它。

意大利面（宽缎带面→P7）… 160g
羊排·······························4根
迷迭香····························2根
洋葱···················· ½个（80g）
大蒜·····························½瓣
盐、粗粒黑胡椒················各适量
橄榄油····························2大匙

A ┌ 水、白葡萄酒 ··········各½杯
  │ 西式汤料（颗粒）········¼小匙
  └ 盐、胡椒 ··············各少许

烹调时间 ∗ **35分钟**

🔖 **食材小贴士**
迷迭香
紫苏科常绿植物。拥有独特的
甜味和香味，可以去除肉类的
腥味。

准备工作

1. 洋葱切碎末。

2. 大蒜用刀背压碎
（→P9）。

3. 将刀伸进羊排的红肉和脂肪之间，切断里面的筋。

4. 🍲 将3L水和1大匙半盐（都为分量外）倒入
大锅中，开大火加热。

制作方法

1 煸炒大蒜，煎羊排

在羊排的两面撒少许盐和粗
粒黑胡椒。将橄榄油、大蒜
倒入平底锅中，开小火煸
炒。为了让大蒜浸入油里，
要不时倾斜平底锅。当大蒜
炒出香味时，改中火，加入
羊排，均匀地煎好两面。

窍门
用吸收了大蒜香味的油煎羊排。

用木铲不停搅
拌，煸炒洋葱

2 加入洋葱煸炒

将羊排推到平底锅边缘，在
空出的位置上倒入洋葱，开
始煸炒。

3 调味后煮一会儿

加入迷迭香和A，翻炒均
匀。煮开后改中火，再煮10
分钟左右，在此过程中要不
时用木铲搅拌。关火。

窍门
洋葱炒软且变色时，加入汤汁。

🍳 开始煮意大利面
（→P10~11）。

4 加入意大利面，
装盘完成

意大利面煮好后，马上开火
加热3（中火）。加入沥干
水分的意大利面，用夹子搅
拌，使酱汁与意大利面混合
均匀。尝一下味道，酌情加
入少许盐和粗粒黑胡椒，搅
拌均匀后装盘。

窍门
酱汁变黏稠时，加入刚煮好的意
大利面，快速翻炒均匀。

花时间煮得软软的章鱼，美味得非同寻常。

章鱼红酒意大利面

虽然章鱼需要花一个小时才能煮软，不过这一步完全可以交给灶台，不用太费精力。为了使章鱼充分浸入汤汁中，最好使用直径16cm左右的小锅。除了意大利面外，这款酱汁还可以搭配法棍面包食用。

材料（2人份）

意大利面（意大利细面→P6）　　160g
章鱼（煮好的章鱼腿）…………200g
水煮番茄（罐头→P19）……½大罐（200g）
芹菜……………………………1根（100g）
洋葱……………………………½个（80g）
大蒜……………………………………1瓣
百里香（→P51）……………………1根
黑橄榄（去籽→P56）……………8颗
橄榄油…………………………………2大匙
A ┌ 红葡萄酒 ……………………½杯
　├ 水 …………………………………¼杯
　└ 西式汤料（颗粒）………¼小匙
盐、胡椒……………………………各少许

烹调时间 ✳ **100分钟**

准备工作

1. 芹菜、洋葱和大蒜（→P9）切碎末。

2. 用手捏碎水煮番茄。酱状的可以直接使用。

3. 章鱼切成稍大的一口大小。

窍门 章鱼煮过之后会收缩，所以要稍微切大一些。

制作方法

1 煸炒芹菜、洋葱和大蒜

橄榄油倒入锅中，开稍弱的中火加热，加入芹菜、洋葱和大蒜煸炒。

窍门 煸炒时要不停用木铲搅拌，来引出蔬菜的甜味。

2 加入章鱼，翻炒均匀

蔬菜炒软后，改中火，加入章鱼翻炒均匀。

3 加入番茄和百里香，煮一会儿

加入A、水煮番茄和百里香，改大火。煮开后改小火，半盖上锅盖煮70~80分钟。在此过程中要不时搅拌一下。根据酱汁煮的状态，开始煮意大利面。

🍳 将3L水和1大匙半盐（都为分量外）倒入另一个锅中，开大火加热。

🍝 开始煮意大利面（→P10~11）。

4 加入黑橄榄

当煮到原来½的量时，尝一下味道，酌情加入一些盐和胡椒。加入黑橄榄一起煮。

窍门 橄榄只需煮到变热即可。

5 装盘完成

意大利面沥干水分，盛入盘中，浇上4。

鸡肝浓郁的香味，让人欲罢不能。

鸡肝奶油意大利面

来自清美老师的
小建议

用鲜奶油煮鸡肝，打造出这款味道丰富、口感浓厚的酱汁。推荐大家使用容易吸附酱汁的
宽缎带面（→P7）。当然，使用弹性十足的鲜意大利面或手擀意大利面（→P194~195）
也未尝不可。

意大利面（宽缎带面→P7）…	160g
鸡肝····················	150g
洋葱···················	½个（80g）
大蒜···················	1瓣
月桂叶（→P143）·········	1片
牛奶（腌鸡肝用）·········	2大匙
黄油（无盐）·············	10g
白葡萄酒···············	2大匙

A
```
水 ·············· ½杯
西式汤料（颗粒）······· ¼小匙
盐、胡椒 ·············· 各少许
```
鲜奶油·················	½杯
盐、粗粒黑胡椒···········	各少许

烹调时间 ＊ **35分钟**

准备工作

1. 鸡肝切成一口大小，用奶油腌制5分钟左右。

窍门 用牛奶腌制可以去腥。

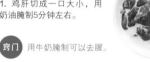

2. 洋葱和大蒜（→P9）切碎末。

3. 将3L水和1大匙半盐（都为分量外）倒入大锅中，开大火加热。

制作方法

1 煸炒洋葱和大蒜

沥干鸡肝的汁液。开中火在平底锅中熔化黄油，加入洋葱和大蒜煸炒。

要炒到鸡肝变色为止

2 加入鸡肝，快速翻炒

当大蒜炒出香味时，加入鸡肝，快速翻炒。

3 加入白葡萄酒，调味后煮一会儿

加入白葡萄酒煮30秒左右。再加入A和月桂叶，改大火。煮开后改小火，再煮10分钟左右，在此过程中要不时搅拌一下。

窍门 加入白葡萄酒去除鸡肝的腥味。

开始煮意大利面（→P10~11）。

4 加入鲜奶油

加入鲜奶油，翻炒均匀，煮1分钟左右。关火。

窍门 当汤汁差不多煮干时，就是加入鲜奶油的最好时机。

5 加入意大利面，装盘完成

意大利面煮好后，马上开火加热4（中火）。加入沥干水分的意大利面，用夹子搅拌，使酱汁与意大利面混合均匀。尝一下味道，酌情加入一些盐和粗粒黑胡椒，搅拌均匀后装盘。

加入甜甜的胡萝卜，打造出柔和的口感。

胡萝卜肉酱面

材料（2人份）

意大利面（意大利扁面→P6）………… 160g
肉酱*
┌ 肉馅 ………………………………… 200g
│ 胡萝卜 ……………………………… ¼根（50g）
│ 水煮番茄（罐头→P19）… ½大罐（200g）
│ 洋葱 ………………………………… ½个（80g）
│ 大蒜 ………………………………… ½瓣
│ 月桂叶（→P143）…………………… 1片
│ 橄榄油 ……………………………… 2大匙
│   ┌ 红葡萄酒 ……………………… ¼杯
│ A │ 水 ……………………………… 2大匙
│   │ 西式汤料（颗粒）…………… ¼小匙
└   └ 盐、胡椒 …………………… 各少许
盐、胡椒………………………………… 各少许
帕尔玛干酪（→P25）………………… 10g

＊可以一次制作2倍的分量（酱汁保存方法→P143）。

烹调时间 ＊ **40分钟**

准备工作

1. 胡萝卜、洋葱和大蒜（→P9）切成碎末。

2. 用手捏碎水煮番茄。酱状的可以直接使用。

3. 帕尔玛干酪磨碎备用。

4. 将3L水和1大匙半盐（都为分量外）倒入大锅中，开大火加热。

制作方法

1 煸炒胡萝卜和带香味的蔬菜，加入肉馅

橄榄油倒入锅中，开中火加热，加入胡萝卜、洋葱和大蒜煸炒。蔬菜炒软后，加入肉馅，翻炒均匀。

2 加入番茄和调味料煮一会儿

当肉馅变成粒粒分明的状态时，加入水煮番茄、A和月桂叶，改大火。煮开后改小火，再煮15分钟左右，在此过程中要不时搅拌一下。

 开始煮意大利面（→P10~11）。

3 收汁

当酱汁变黏稠时，就算收完汁了。关火。

窍门 用木铲划一下锅底，如果能划出一条明显的痕迹，就表示煮得差不多了。

4 装盘完成

意大利面煮好后，马上开火加热3（中火）。加入沥干水分的意大利面，用夹子搅拌，使酱汁与意大利面混合均匀。尝一下味道，酌情加入一些盐和胡椒，搅拌均匀后装盘。撒上帕尔玛干酪。

猪肉馅和蘑菇搭配，
打造出了这款口感浓郁的肉酱面。

蘑菇肉酱面

材料（2人份）

意大利面（缎带面→P7）·················160g

肉酱*

- 猪肉馅 ····································200g
- 蘑菇 ···4个
- 水煮番茄（罐头→P19）··· ½大罐（200g）
- 洋葱 ·································½个（80g）
- 大蒜 ·······································½瓣
- 月桂叶（→P143）·························1片
- 橄榄油 ···································2大匙
- A
  - 红葡萄酒 ·····························¼杯
  - 水 ·······································2大匙
  - 西式汤料（颗粒）·················¼小匙
  - 盐、粗粒黑胡椒 ·················各少许
- 盐、粗粒黑胡椒··························各少许
- 帕尔玛干酪（→P25）·····················10g

*可以一次制作2倍的分量（酱汁保存方法→P143）。

烹调时间 * **40分钟**

准备工作

1. 蘑菇去根，切成稍大的小末。

2. 洋葱和大蒜（→P9）切碎末。

3. 用手捏碎水煮番茄。酱状的可以直接使用。

4.
将3L水和1大匙半盐（都为分量外）倒入大锅中，开大火加热。

制作方法

1 煸炒蘑菇和带香味的蔬菜

橄榄油倒入锅中，开中火加热，加入蘑菇、洋葱和大蒜煸炒。

窍门 炒肉末时，要边搅拌边耐心煸炒，将肉末中的水分炒干。

2 加入肉馅翻炒，煮一会儿

蔬菜炒软后，加入肉馅，翻炒均匀。当肉馅变成粒粒分明的状态时，加入水煮番茄、A和月桂叶，改大火。煮开后改小火，再煮15分钟左右，在此过程中要不时搅拌一下。关火。

 开始煮意大利面（→P10~11）。

3 加入意大利面，装盘完成

意大利面煮好后，马上开火加热2（中火）。加入沥干水分的意大利面，用夹子搅拌，使酱汁与意大利面混合均匀。尝一下味道，酌情加入一些盐，搅拌均匀后装盘。撒上粗粒黑胡椒。

由肉酱、白酱和宽面打造出的经典意大利面。

经典千层面

来自清美老师的
小建议

制作这款千层面时，使用了前面提到过的牛肉酱（→P142~143）。当然用其他肉酱
（→P150~151）也没问题。如果你嫌麻烦，还可以直接用罐头代替。这款经典意大利面，卖相和
口感都不错，可以当作招待客人的豪华主菜。

意大利面（意大利宽面→P7） … 3片
肉酱（→P142~143）……… 约300g
菠菜………………… ⅓把（100g）
披萨用奶酪………………… 100g

白酱
┌ 黄油（无盐）………………… 20g
│ 小麦粉（低筋面粉）………… 20g
│ 牛奶………………………… 1杯
│ A┌ 西式汤料（颗粒）……… ¼小匙
└ └ 盐、胡椒 ………… 各适量
黄油（涂容器用）…………… 适量

烹调时间 ★ **45分钟**（除去制作肉酱的时间）

准备工作

1.  将3L水和1大匙半盐（都为分量外）倒入大锅中，开大火加热。

2. 制作肉酱。

3. 菠菜切去根部。

制作方法

1 焯菠菜

煮意大利面的水沸腾后，将菠菜根部朝下加入锅中。

> **窍门** 先将较硬的根部放入开水中，菠菜受热会更均匀。

用长筷子将菠菜按到水里，快速搅拌几下。

用笊篱捞出菠菜，冷却后挤干水分，切成5cm长的段。关火。

2 制作白酱

开中火在平底锅中熔化黄油，撒上小麦粉。

> 慢慢转动平底锅来熔化黄油

用木铲边搅拌边煸炒。

> **窍门** 为了防止炒糊，搅拌速度要快。

分4~5次加入牛奶，每次加入都要用木铲充分搅拌。

> 搅拌成细腻光滑的状态

> **窍门** 为了防止结块，要分次少量加入牛奶。

3 加入菠菜后调味

将1的菠菜和A加入2中，搅拌均匀后盛到碗里。

将½的意大利面叠放在肉酱上。

4 煮意大利面

开大火加热1的锅。锅中水沸腾后，加入宽意大利面，按照包装袋上标出的时间煮。

窍门　为了防止意大利面粘到一起，要一片一片地煮。

放到笊篱上沥干水分。

将3全部放到意大利面上，用勺子铺开。

叠放上剩余的意大利面。

5 在容器内涂上黄油

将烤箱预热到200℃。将黄油放入耐高温容器里，用纸巾将其均匀涂抹到容器内部。比照着容器，将意大利面切成合适的大小。

6 按顺序放入食材

在耐高温容器中放入少许肉酱，用勺子铺开。

窍门　肉酱中有油分，不容易烤糊。

放入剩余的肉酱，用勺子铺开。

7 撒上奶酪，烘烤

将披萨用奶酪均匀地撒在表面。放入预热到200℃的烤箱中，烤20分钟左右，直到烤出好看的色泽为止。

清爽的口感是这款千层面的魅力所在。

番茄酱奶酪千层面

材料（4人分）

意大利面（意大利宽面→P7）………… 3片
番茄酱（→P18~22）……………… 约300g
农夫奶酪……………………………… 100g
菠菜……………………………… ⅓把（100g）
里脊火腿…………………………… 2片（40g）
披萨用奶酪…………………………… 100g
盐、胡椒…………………………… 各少许
黄油（涂容器用）…………………… 适量

＊可以直接使用市售的番茄酱。

烹调时间 ＊ **40分钟**（除去制作肉酱的时间）

准备工作

1.

将3L水和1大匙半盐（都为分量外）倒入大锅中，开大火加热。

2. 制作番茄酱。

3. 火腿切成边长1cm的方形。

4. 菠菜切掉根部，放入沸水中快速焯一下。取出后待其冷却，挤干水分，切成长5cm的段。

制作方法

开始煮意大利面（→P10~11）。

1 将农夫奶酪和菠菜混合

烤箱预热到200℃。将农夫奶酪放入碗中，加入菠菜、盐和胡椒，搅拌均匀。将番茄酱倒入另一个碗中，加入火腿，搅拌均匀。

窍门 为了防止变成水水的状态，一定要将菠菜的水分充分挤干。

2 按顺序放入食材

意大利面用笊篱沥干水分，比照着容器，切成合适的大小。在耐高温容器内薄薄涂一层黄油。将少量混有火腿的番茄酱铺到容器内，然后将½的意大利面叠放在上面。将1全部放到意大利面上铺开，再铺上剩余的番茄酱，最后叠放上剩余的意大利面。

3 撒上奶酪，烘烤

将披萨用奶酪均匀地撒在表面。放入预热到200℃的烤箱中，烤20分钟左右，直到烤出好看的色泽为止。

炒食材的过程中，顺便还能做出酱汁。

虾仁焗通心粉

材料（2人份）

意大利面（通心粉→P7）	100g
煮熟的虾仁	16只
蘑菇	4只
青椒	2个（80g）
洋葱	½个（80g）
披萨用奶酪	50g
黄油（无盐）	20g
小麦粉（低筋面粉）	20g
牛奶	1杯
A ┌ 西式汤料（颗粒）	¼小匙
└ 盐、胡椒	各适量
黄油（涂容器用）	适量

烹调时间 ＊ 35分钟

准备工作

1.
 将3L水和1大匙半盐（都为分量外）倒入大锅中，开大火加热。

2. 蘑菇去根，切成厚3mm的薄片。

3. 青椒纵向切成两半，去蒂去籽，横向切成宽5mm的段。

4. 洋葱切碎末。

5. 虾仁去掉背部的肠线。

制作方法

 开始煮意大利面（→P10~11）。

1 炒蘑菇和洋葱，加入小麦粉

烤箱预热到200℃。开中火在平底锅中熔化黄油，加入蘑菇和洋葱进行煸炒。洋葱变软后，撒入小麦粉，用木铲边搅拌边煸炒。

窍门 加入小麦粉后，整体口感会变得更浓郁黏稠。

2 加入牛奶调味，再加入虾仁和青椒

当炒到看不见干面粉的状态时，将牛奶分4~5次加入，每次加入都要充分搅拌。搅拌成细腻光滑的状态后，加入A、虾仁和青椒，边搅拌边煮2分钟左右。关火。

3 加入意大利面

意大利面煮好后，马上开火加热2（中火）。加入沥干水分的意大利面，用夹子搅拌，使酱汁与意大利面混合均匀。关火。

4 撒上奶酪，烘烤

在耐高温容器内薄薄涂一层黄油，放入3。将披萨用奶酪均匀地撒在表面。放入预热到200℃的烤箱中，烤20分钟左右，直到烤出好看的色泽为止。

用加入了帕尔玛干酪的蛋液，
烤出蓬松嫩滑的口感。

鸡肉蛋奶焗面

材料（2人份）	
意大利面（螺旋面→P7）‥‥‥‥‥‥	100g
鸡腿肉（带皮）‥‥‥‥‥‥‥‥‥‥	150g
鸡蛋‥‥‥‥‥‥‥‥‥‥‥‥‥‥‥	2个
迷你番茄‥‥‥‥‥‥‥‥‥‥‥‥‥	6个
青椒‥‥‥‥‥‥‥‥‥‥‥‥‥ 2个（80g）
洋葱‥‥‥‥‥‥‥‥‥‥‥‥ ½个（80g）
大蒜‥‥‥‥‥‥‥‥‥‥‥‥‥‥‥	1瓣
帕尔玛干酪（→P25）‥‥‥‥‥‥‥	5g
盐、胡椒‥‥‥‥‥‥‥‥‥‥‥	各少许
黄油（无盐）‥‥‥‥‥‥‥‥‥‥	10g
白葡萄酒‥‥‥‥‥‥‥‥‥‥‥	2大匙
┌ 牛奶‥‥‥‥‥‥‥‥‥‥‥‥	½杯
A │ 鲜奶油‥‥‥‥‥‥‥‥‥‥	¼杯
└ 盐、胡椒‥‥‥‥‥‥‥‥	各适量
黄油（涂容器用）‥‥‥‥‥‥‥	适量

烹调时间 ＊ **40分钟**

准备工作

1. 将3L水和1大匙半盐（都为分量外）倒入大锅中，开火加热。

2. 迷你番茄去蒂。

3. 青椒去蒂去籽，切成5mm宽的环形。

4. 大蒜（→P9）切碎末。

5. 鸡肉切成边长2cm的块状。

6. 帕尔玛干酪磨碎备用。

制作方法

开始煮意大利面（→P10~11）。

1 炒洋葱、大蒜和鸡肉，加入白葡萄酒

烤箱预热到200℃。鸡肉上撒盐和胡椒。开中火在平底锅中熔化黄油，加入洋葱和大蒜煸炒。洋葱变软后，加入鸡肉，翻炒均匀。加入白葡萄酒，盖上锅盖，煮2~3分钟。

窍门 鸡肉变色后，加入白葡萄酒煮一下，能使鸡肉内部也均匀受热。

2 制作蛋液，加入意大利面和其他食材

意大利面用笊篱沥干水分。在一个大碗中打散鸡蛋，加入帕尔玛干酪和A，充分搅拌。加入意大利面和1，搅拌均匀。

3 烘烤

在耐高温容器内薄薄涂一层黄油，放入2，然后将迷你番茄、青椒点缀在上面。放入预热到200℃的烤箱中，烤25分钟左右，直到烤出好看的色泽为止。

酱汁中加入了酸酸的橄榄，口感非常清爽。

煎鲅鱼配橄榄酱

材料（2人份）

鲅鱼（鱼肉）·················	2片（200g）
绿橄榄（去籽→P55）·············	8颗
青椒··························	2个
红椒··························	1个
水芹··························	适量
盐、粗粒黑胡椒、小麦粉（低筋面粉）
	各适量
橄榄油··························	1大匙
白葡萄酒························	2大匙
柠檬汁························	1大匙

变换食材

可以用鲈鱼、鲷鱼、生鲑鱼或旗鱼等代替鲅鱼。

制作方法

烹调时间 ＊ **20分钟**

1 青椒和红椒分别去蒂去籽，切成5mm宽的环形。水芹切掉根部。绿橄榄切成略大的碎末。

2 鲅鱼上撒少许盐和粗粒黑胡椒，再抹上一层薄薄的小麦粉。

3 橄榄油倒入锅中，开中火加热，鲅鱼皮朝下放入煎。在平底锅空出的地方放入青椒和红椒，稍微煸炒一下后盛到盘中。

4 鲅鱼变色后，翻面煎1分钟左右，洒上白葡萄酒，盖上锅盖用小火煮30秒左右，使鲅鱼内部也均匀受热。取出鲅鱼放到3的盘中。

5 平底锅不用洗，直接倒入绿橄榄和柠檬汁，开中火加热，用木铲翻炒均匀。煮开后撒上少许盐和粗粒黑胡椒，一起浇到鲅鱼上。将水芹放入盘中做装饰。

味道浓厚的鸡肉，与多汁的番茄堪称绝配。

番茄烤鸡肉

材料（2人份）

鸡腿肉（带皮）······················· 200g
洋葱···························· 1个（150g）
大蒜······································· 1瓣
水煮番茄（→P19）····· ½大罐（200g）
香芹······································· 4棵
盐、胡椒························· 各适量
橄榄油··························· 适量
面包粉··························· 3大匙

烹调时间 ✳ **30分钟**

变换食材

可以用香肠和火腿等肉类代替鸡肉。

制作方法

1 洋葱纵向切成宽1cm的条状。大蒜和香芹切碎末。番茄放入碗中，捏碎。

2 鸡肉切成边长3cm的块状，撒上少许盐和胡椒。

3 在耐高温容器内薄薄涂一层橄榄油，将洋葱摆到里面。接着摆上2，注意不要跟洋葱重叠。将大蒜和番茄撒到容器中，再撒上少许盐和胡椒。最后撒上面包粉并将橄榄油均匀淋到各种食材上。

4 将3放在烤盘中，一起放入预热到200℃的烤箱里，烤20分钟左右。烤好后取出，撒上香芹。

用生火腿和鼠尾草搭配猪肉，打造惊艳美味。

生火腿鼠尾草煎猪肉

材料（2人份）

猪里脊肉（块状）······	200g
生火腿（→P45）······	5片（50g）
鼠尾草叶（→P119）······	10片
嫩菜叶······	1袋（30g）
柠檬······	适量
盐······	少许
粗粒黑胡椒······	适量
小麦粉（低筋面粉）······	适量
橄榄油······	1大匙
白葡萄酒······	2大匙

制作方法

烹调时间 ＊ **15分钟**

1 将猪肉切成10等份。用刀背或瓶底将猪肉延展至原来1.2倍左右的大小，两面都撒上少许盐和粗粒黑胡椒。

2 生火腿切成两半。

3 在1的一面上，按顺序摆上1片鼠尾草和1片生火腿。生火腿上撒少许粗粒黑胡椒，两面都抹上一层薄薄的小麦粉。

4 橄榄油倒入平底锅中，开中火加热，加入3，将两面都均匀煎好。洒上白葡萄酒，煮20秒左右。

5 装盘，点缀一些嫩菜叶和柠檬做装饰。

Saltimbocca

Saltimbocca是意大利料理中代表性的主菜之一。它的意大利语原名有"自己飞入口中"的意思，证明这是一道简单又美味的料理。一般来说，这道菜不是用猪肉，而是用小牛的肉做成的。

PART 5

你一定想掌握的，惊艳美味
和风、创新意大利面

本章将为大家介绍每天吃都吃不腻的和风意大利面！

一起来学习用明太子、鲣鱼片、

芝麻和面露等日式食材调味的方法吧。

后面介绍的让人惊喜的创新意大利面，

也要大胆尝试哦。

番茄酱柔和的甜味，实在让人欲罢不能。

日式番茄酱面

来自清美老师的
小建议

要打造出正宗日式番茄酱面的软糯口感，煮好意大利面后要先冷却一段时间，然后加入色拉油。这样一来，意大利面吸附番茄酱等调味料的能力也会上升。

意大利面（意大利细面→P6）	160g
里脊火腿……………………	4片（80g）
全粒玉米（罐头）…………	4大匙
青椒…………………………	2个（80g）
洋葱…………………………	⅓个（50g）
奶酪粉………………………	1大匙
色拉油………………………	1⅓大匙

A	┌番茄酱 …………………	90g
	└盐、胡椒 ……………	各少许
黄油（无盐）………………	10g
粗粒黑胡椒…………………	少许

烹调时间 ✱ **25分钟**（除去冷却意大利面的时间）

准备工作

1. 将3L水和1大匙半盐（都为分量外）倒入大锅中，开大火加热。

沸腾后，开始煮意大利面（→P10~11）。

用笊篱捞出意大利面、沥干水分，静置10分钟以上待其冷却。加入1小匙色拉油，搅拌均匀。

窍门 等意大利面冷却后再加入色拉油，能够打造出独特的口感。

2. 青椒纵向对切开，去蒂去籽，横向切成宽7mm的段。

3. 洋葱纵向切成条状。

4. 火腿切成放射状的8等份。

制作方法

1 煸炒洋葱，加入火腿

平底锅中倒入1大匙色拉油，开中火加热，加入洋葱煸炒。洋葱炒软后，加入火腿翻炒均匀。

2 加入玉米、青椒和意大利面

加入玉米和青椒，快速煸炒，再加入意大利面翻炒均匀。

3 调味

加入A，不停翻炒。

窍门 为了使意大利面充分吸收番茄酱，一定要用木铲充分翻炒。

快速翻炒

4 加入黄油，装盘完成

加入黄油，翻炒均匀后装盘，撒上奶酪粉和粗粒黑胡椒。

窍门 边用锅的热度熔化黄油边使黄油与其他食材混合。

明太子弹性十足的口感和乌贼的甜味搭配得非常美味。

乌贼明太子黄油意大利面

来自清美老师的
小建议

和风意大利面中最受欢迎的一款。不同种类的明太子辣度、咸味都不一样，请尝过味道后自行调整分量。制作这款意大利面的重点是添加少许酱油当佐料，使整体风味更上一层楼。

材料（2人份）

意大利面（意大利细面→P6）··· 160g
乌贼（刺身用）····················· 100g
辣味明太子················· 1块（70g）
烤海苔···························· 适量
　┌ 黄油（无盐） ················· 20g
A ├ 酱油 ······················· 1小匙
　└ 盐 ·························· 少许

烹调时间 ＊ **20分钟**

准备工作

1.  将3L水和1大匙半盐（都为分量外）倒入大锅中，开大火加热。

2. 乌贼切成宽1cm的条状。

3. 将明太子切分开，然后纵向划出一道切口。

　窍门 这样处理过之后会更容易取出里面的鱼子。

4. 烤海苔切成细丝。

制作方法

开始煮意大利面（→P10~11）。

1 取出鱼子

用勺子刮的方法，取出里面的鱼子。

2 混合食材，调味

将乌贼、1和A倒入一个大碗中。

窍门 为了保证意大利面煮好后立刻就能混合，要提前做好准备。

3 加入意大利面，装盘完成

意大利面煮好后，沥干水分，加入2中，搅拌均匀后装盘。撒上烤海苔丝。

用夹子大力搅拌，使食材充分混合

用微波炉加热过的蘑菇，口感会更好。

清酒蘑菇意大利面

来自清美老师的
小建议

用芝麻油和酱油给微波炉加热过的清酒蘑菇调味，然后拌入意大利面中。切碎的姜末和雪白的
葱丝，也起到了提味作用。蘑菇最好选择真姬菇、金针菇等。

意大利面（意大利特细面→P6） 160g
舞菇·······················1袋（100g）
真姬菇·····················1袋（100g）
大葱（葱白部分）·················10cm
姜··························⅓块
清酒·······················2大匙

A ┌ 芝麻油、酱油 ··········· 各1大匙
　└ 盐、胡椒 ············· 各少许

烹调时间 ＊ **25分钟**

1. 将3L水和1大匙半盐（都为分量外）倒入大锅中，开大火加热。

2. 舞菇和真姬菇去根后撕开。

窍门　舞菇按瓣撕开，真姬菇一个一个地撕开。

3. 葱白对半切开，纵向划出切口，取出里面的芯。切成细丝后在水中洗一下，沥干水分。

4. 姜去皮切碎末。

 开始煮意大利面
（→P10~11）。

1 制作清酒蘑菇

将舞菇、真姬菇和姜倒入一个大碗中，洒上清酒，混合均匀。

松松地包上保鲜膜，放入微波炉加热2分钟左右。

趁蘑菇热的时候调味

2 调味

揭下保鲜膜，加入A。

用夹子搅拌均匀。

窍门　一定要充分搅拌，使所有食材都能吸收味道。

3 加入意大利面，装盘完成

意大利面煮好后，沥干水分，加入2中，搅拌均匀后装盘。放上葱丝。

咖喱粉中各种香料的味道非常有冲击力。

印度风咖喱香肠意大利面

来自清美老师的
小建议

印度风意大利面指的就是名古屋著名的咖喱味意大利面。制作这款意大利面
的要点是——用少许伍斯特酱当佐料，打造出富有层次感的味道。请大家大
胆地使用冰箱中现成的蔬菜，尝试着做一下这款咖喱意大利面吧。

意大利面（意大利细面→P6）… 160g
维也纳香肠……………… 4根（80g）
蘑菇……………………………… 4个
红椒…………………… 2个（80g）
洋葱…………………… ⅓个（50g）
色拉油………………………… 1⅓大匙
咖喱粉………………………… 1大匙
　　┌番茄酱 ………………… 3大匙
　A ┤
　　└伍斯特酱 ……………… 1大匙
盐、胡椒……………………… 各少许

烹调时间 ★ 25分钟（除去意大利面冷却的时间）

准备工作

1.  将3L水和1大匙半盐（都为分量外）倒入大锅中，开大火加热。

 沸腾后，开始煮意大利面（→P10）。

 用笊篱捞出意大利面、沥干水分，静置10分钟以上待其冷却。加入1小匙色拉油，搅拌均匀。

窍门 等意大利面冷却后再加入色拉油，能够打造出独特的口感。

2. 蘑菇去根，纵向切成4等份。

3. 红椒纵向对切开，去蒂去籽，横向切成宽7mm的段。

4. 洋葱纵向切成条状。

5. 维也纳香肠斜向切成1cm长的小段。

制作方法

1 煸炒蘑菇和洋葱

平底锅中倒入1大匙色拉油，开中火加热，加入蘑菇和洋葱开始煸炒。

炒至所有食材都沾上油为止

2 加入维也纳香肠和红椒

洋葱炒软后，加入维也纳香肠和红椒，快速翻炒。

3 加入意大利面，翻炒均匀

加入意大利面，用木铲翻炒均匀。

窍门 一边翻炒一边用木铲将意大利面弄散。

4 装盘完成

加入咖喱粉，充分翻炒。当咖喱粉均匀地裹住所有食材时，加入A，搅拌均匀。尝一下味道，酌情加入一些盐和胡椒，搅拌均匀后装盘。

窍门 咖喱粉炒过之后，香味会变得更浓。

用盐腌过的白萝卜口感爽脆，
吃起来非常美味。

鲑鱼白萝卜意大利面

材料（2人份）

意大利面（意大利细面→P6）………… 160g
鲑鱼（罐头）………………………………… 30g
白萝卜………………………………… 6cm（150g）
萝卜苗…………………………… ⅓袋（净重20g）
盐………………………………………… ¼小匙
A┌ 柑橘酱油（市售）、蛋黄酱 … 各1大匙
 └ 盐 ……………………………………… 少许

烹调时间 ＊25分钟

准备工作

1. 将3L水和1大匙半盐（都为分量外）倒入大锅中，开大火加热。

2. 白萝卜削皮，切成扇形薄片。

3. 萝卜苗切去根部。

制作方法

 开始煮意大利面（→P10~11）。

1 用盐腌白萝卜

将白萝卜放入碗中，用手均匀地抹上一层盐。白萝卜变软后，挤出里面的水分。

窍门 挤出水分后，白萝卜的口感就会变得很脆。

2 将食材放到一起

将鲑鱼、萝卜苗、1和A放入一个大碗中。

3 加入意大利面,装盘完成

意大利面煮好后，沥干水分，加入2中，搅拌均匀后装盘。

如果你喜欢口感较黏的食物，
一定会爱上这款意大利面。

秋葵纳豆意大利面

材料（2人份）

意大利面（意大利特细面→P6）	160g
秋葵	1袋（50g）
纳豆（碾碎的）	2包（90~100g）
A ┌ 酱油	1大匙
├ 芝麻油	2小匙
└ 芥末酱	1小匙

烹调时间 ＊ **25分钟**

准备工作

 将3L水和1大匙半盐
（都为分量外）倒入大
锅中，开大火加热。

制作方法

1 焯秋葵

煮意大利面的水沸腾后，加入秋葵，
快速焯一下后取出。

窍门
将秋葵焯成鲜绿色即可。

取出后放入冷水
中冷却，沥干水
分。去蒂，然后
切成小段。

 开始煮意大利面（→P10~11）。

2 将调味料和纳豆倒入碗中

将A倒入一个大碗
中，充分搅拌后，加
入纳豆，搅拌均匀。

3 加入秋葵和意大利面，装盘完成

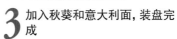

将1的秋葵倒入2
中。意大利面煮好
后，沥干水分，也加
入2中，搅拌均匀后
装盘。

黄油浓厚的味道和酱油的香味搭配，
打造绝妙的美味。

黄油蘑菇意大利面

材料(2人份)

意大利面（意大利细面→P6）……………	160g
杏鲍菇…………………………………	1袋（100g）
香菇（鲜的）…………………………	4个（60g）
大蒜……………………………………	1瓣
黄油（无盐）…………………………	20g
A ⎡ 酱油 ………………………………	1大匙
⎣ 盐、胡椒 …………………………	各少许
七味辣椒粉……………………………	少许

烹调时间 ＊ **25分钟**

准备工作

1. 将3L水和1大匙半盐（都为分量外）倒入大锅中，开大火加热。

2. 杏鲍菇切成5cm长。纵向切成两半后，再纵向切成厚3mm的片状。

3. 香菇切去柄，切成厚3mm的片状。香菇柄去根，撕成细丝。

4. 大蒜横向切成薄片（→P9）。

制作方法

 开始煮意大利面（→P10~11）。

1 煸炒蘑菇

开中火在平底锅中熔化黄油，加入大蒜、杏鲍菇和香菇煸炒。

2 调味

蘑菇变软后，加入A，翻炒均匀，关火。

窍门 蘑菇炒变色后，就开始调味。

3 加入意大利面，装盘完成

意大利面煮好后，马上开火加热2（中火）。加入沥干水分的意大利面，搅拌均匀后装盘。撒上七味辣椒粉。

出锅时撒上鲣鱼节，
整体味道又提升了一个层次。

苦瓜午餐肉炒意大利面

材料(2人份)	
意大利面（宽缎带面→P7）	160g
午餐肉（罐头，少盐型）	½罐（150g）
苦瓜	½根（100g）
大葱	½根（40g）
鲣鱼片	适量
色拉油	1大匙
A 酱油	1大匙
盐、胡椒	各少许

烹调时间 ＊ **25分钟**

准备工作

1. 将3L水和1大匙半盐（都为分量外）倒入大锅中，开大火加热。

2. 大葱斜向切成1.5cm宽的段。

3. 苦瓜纵向切成两半，用勺子挖去瓤，切成厚5mm的片状。

4. 午餐肉切成厚5mm的片状。

制作方法

 开始煮意大利面
（→P10~11）。

1 煎午餐肉

平底锅中倒入色拉油，开中火加热，放入午餐肉，将两面均匀地煎好。

窍门 煎过的午餐肉，香味也会有所提升。

2 加入苦瓜和大葱

加入苦瓜和大葱，快速翻炒。关火。

3 加入意大利面,装盘完成

意大利面煮好后，马上开火加热2（中火）。加入沥干水分的意大利面和A，搅拌均匀后装盘。撒上鲣鱼片。

切碎的羊栖菜既美味又能起到装饰作用。

猪肉羊栖菜意大利面

材料（ 2 人份 ）	
意大利面（意大利细面→P6）	160g
薄片状猪五花肉	150g
长羊栖菜（风干的）	8g
洋葱	¼个（40g）
红辣椒	½根
色拉油	1大匙
A[酱油、味醂	各2大匙
清酒	1大匙

烹调时间 ＊ **25分钟**

准备工作

1. 将3L水和1大匙半盐（都为分量外）倒入大锅中，开大火加热。

2. 羊栖菜按照包装袋的标示泡发。沥干水分后切成碎末。

3. 红辣椒去掉蒂和籽后，在温水中浸泡15分钟，取出后沥干水分，切成小段（→P9）。

4. 胡萝卜削皮，先纵向切成薄片，再纵向切成细丝。

5. 猪肉切成2cm宽的片状。

制作方法

 开始煮意大利面（→P10~11）。

1 煸炒红辣椒和猪肉

平底锅中加入色拉油和红辣椒，开中火加热，之后放入猪肉煸炒。

窍门 先将红辣椒放入油里煸炒一下，辣味就会出来。

2 加入羊栖菜和胡萝卜

猪肉变色后，加入羊栖菜和胡萝卜，大致翻炒一下，关火。

3 加入意大利面,装盘完成

意大利面煮好后，马上开火加热2（中火）。加入A和沥干水分的意大利面，搅拌均匀后装盘。

用调和青芥酱调味，
是制作时最大的重点。

竹轮小葱意大利面

材料（2人份）	
意大利面（意大利细面→P6）	………… 160g
竹轮	………… 3小根（75g）
小葱	………… 6根

	A	
	调和青芥酱	………… 40g
	黄油（无盐）	………… 10g
	酱油	………… 1大匙
	盐	………… 少许

烹调时间 ＊ **25分钟**

准备工作

1.
 将3L水和1大匙半盐（都为分量外）倒入大锅中，开大火加热。

2. 小葱切成小段。

3. 竹轮斜切成厚5mm的片状。

制作方法

 开始煮意大利面（→P10~11）。

1 将食材和调味料倒入碗中

将竹轮、小葱和A倒入碗中。

2 加入意大利面，装盘完成

意大利面煮好后，沥干水分加入1中，搅拌均匀后装盘。

窍门
为了使味道均匀，一定要充分搅拌。

用日式面露调味的意大利面，
吃起来清新爽滑。

梅肉山药意大利面

材料（2人份）	
意大利面（天使细面→P6）	160g
梅肉	½大匙（10g）
长山药	3~4cm（100g）
裙带菜（用盐腌过的）	20g
A ┌ 水	¾杯
└ 面露（市售，2倍浓缩型）	¼杯

烹调时间 ＊ **20分钟**

准备工作

1. 将3L水和1大匙半盐（都为分量外）倒入大锅中，开大火加热。

2. 裙带菜用水洗净后，放入热水中快速焯一下，然后马上放入冷水中冷却。挤干水分后切成宽1cm的条状。

3. 长山药削皮后放入塑料袋中，用瓶子等工具碾碎。

制作方法

开始煮意大利面
（→P10~11）。

1 为意大利面调味

将A倒入一个大碗中，混合均匀。意大利面煮好后，沥干水分加入碗中，搅拌均匀。

窍门 意大利面要趁热放入调味汁中，才能更好地吸收味道。

2 装盘完成

将1盛入盘中，摆上裙带菜、山药泥和梅肉。

腌芥菜的爽脆口感和姜的辣味，
打造出别具一格的美味意大利面。

蟹棒芥菜意大利面

材料（2人份）

意大利面（意大利细面→P6）	160g
蟹棒	4根（40g）
腌芥菜	50g
姜	⅓块
熟芝麻（白）	½小匙
色拉油	2大匙
辣椒粉	½小匙
A ┌ 清酒	1大匙
└ 酱油、盐、胡椒	各少许

烹调时间 ＊ 25分钟

准备工作

1. 将3L水和1大匙半盐（都为分量外）倒入大锅中，开大火加热。

2. 腌芥菜切成细丝。

3. 姜去皮，切成细丝。

4. 蟹棒撕碎。

制作方法

 开始煮意大利面（→P10~11）。

1 煸炒腌芥菜和姜，加入辣椒粉

平底锅中倒入色拉油，开中火加热，放入腌芥菜和姜，开始煸炒。当姜炒出香味时，加入辣椒粉，翻炒均匀。

窍门
辣椒粉炒过之后，辣味会变得更重。

2 加入蟹棒，翻炒均匀

加入蟹棒，大致炒一下后，加入A，翻炒均匀。关火。

3 加入意大利面，装盘完成

意大利面煮好后，马上开火加热2（中火）。加入沥干水分的意大利面，搅拌均匀后装盘。撒上熟芝麻。

总体味道清爽，
却又带有鱼干的鲜香。

生菜鱼干意大利面

材料（ 2 人份 ）	
意大利面(意大利细面→P6)	160g
什锦小鱼干	25g
生菜	3片(90g)
姜	5g
芝麻油	1大匙
A ⌈ 清酒、酱油	各1大匙
⌊ 盐	少许
粗粒黑胡椒	少许

烹调时间 ＊ **25分钟**

准备工作

1. 将3L水和1大匙半盐（都为分量外）倒入大锅中，开大火加热。

2. 生菜撕成大块。

3. 姜去皮，切成碎末。

制作方法

开始煮意大利面（→P10~11）。

1 炒什锦小鱼干和姜

平底锅中倒入色拉油，开稍弱的中火加热，放入什锦小鱼干和姜煸炒。什锦小鱼干炒脆后，关火。

窍门　炒到什锦小鱼干爆出香味为止，注意不要炒糊。

2 加入意大利面，翻炒均匀

意大利面煮好后，马上开火加热1（中火）。加入沥干水分的意大利面和A，翻炒均匀。

3 加入生菜，装盘完成

加入生菜，快速翻炒后，盛入盘中。撒上粗粒黑胡椒。

浇上自己调制的香醋酱，打造终极美味。

猪肉片意大利面

材料（2人份）	
意大利面（意大利扁面→P6）	160g
薄片状猪腿肉	150g
猪毛菜	½袋（50g）
色拉油	2小匙
香醋酱	
西京味噌	3大匙
醋	1½大匙
砂糖	1大匙

烹调时间 ＊ **25分钟**

准备工作

1.
 将3L水和1大匙半盐（都为分量外）倒入大锅中，开大火加热。

2. 猪毛菜切去根部。

3. 猪肉切成5~6cm长的片状。

制作方法

1 焯猪毛菜

煮意大利面的水沸腾后，将装有猪毛菜的笊篱放入锅中，用长筷子翻动几下后迅速取出。

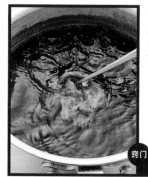

2 焯猪肉片

将猪肉片一片一片地放进锅中，待肉变色后取出。

窍门 焯的过程中要用筷子夹着肉片轻轻摆动。

开始煮意大利面
→P10~11）。

3 制作香醋酱，装盘完成

将香醋酱的材料倒入一个小碗中，搅拌均匀。意大利面煮好后，沥干水分，装进一个大碗中。倒入色拉油，充分搅拌，再加入猪毛菜，搅拌均匀后装盘。放上猪肉片，淋上香醋酱。

179

口感浓厚的味噌酱汁，
很好地吸附在意大利面上。

和风肉酱意大利面

材料（2人份）

意大利面（笔尖面→P7）··············	160g
鸡肉馅·························	150g
金针菇·····················	1小袋（100g）
大葱·····················	1根（净重80g）
大蒜·····················	2/3瓣
色拉油·····················	1大匙
A ┌ 味噌·····················	2½大匙
└ 味醂、清酒·············	各2大匙
山椒粉·····················	少许

烹调时间 ＊ 25分钟

准备工作

1. 将3L水和1大匙半盐（都为分量外）倒入大锅中，开火加热。

2. 金针菇切去根部，切成长1cm的小段。

3. 大葱切碎末。

4. 姜去皮，切成碎末。

制作方法

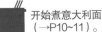
开始煮意大利面（→P10~11）。

1 煸炒鸡肉，加入金针菇、大葱和姜

平底锅中倒入色拉油，开中火加热，加入鸡肉开始煸炒。当鸡肉炒到粒粒分明的状态时，加入金针菇、大葱和姜，翻炒均匀。

2 调味

当所有食材都沾上油后，加入A，边搅拌边煸炒1分钟左右。炒到几乎没有汁的状态，关火。

窍门 为了使味噌与其他食材混合均匀，要用木铲充分翻炒。

3 加入意大利面，装盘完成

意大利面煮好后，马上开火加热2（中火）。加入沥干水分的意大利面，搅拌均匀后装盘。撒上山椒粉。

炒得嫩嫩的鸡蛋，
缔造出柔滑温润的口感。

金枪鱼鸡蛋意大利面

材料（2人份）

意大利面（贝壳面→P7）················· 160g
金枪鱼（罐头）····················· 1小罐（80g）
鸡蛋··· 2个
胡萝卜······························· ½根（100g）
色拉油······························· 2小匙
盐、胡椒、粗粒黑胡椒················· 各少许

烹调时间 ＊ **25分钟**

准备工作

1. 将3L水和1大匙半盐（都为分量外）倒入大锅中，开大火加热。

2. 胡萝卜用削皮器等工具削成细长的薄片。

3. 鸡蛋在碗中打散。

制作方法

开始煮意大利面
（→P10~11）。

1 煸炒金枪鱼，加入胡萝卜

平底锅中倒入色拉油，开中火加热，将金枪鱼罐头连同汁液一起倒入锅中，稍微煸炒一下。加入胡萝卜，翻炒30秒左右。

2 加入打散的蛋液，翻炒均匀

加入盐和胡椒，充分翻炒。再加入打散的蛋液，翻炒均匀。当鸡蛋的边缘稍微变白时，关火。

窍门 将木铲伸进锅底，大力翻炒。

3 加入意大利面，装盘完成

意大利面煮好后，马上开火加热2（中火）。加入沥干水分的意大利面，搅拌均匀后装盘。撒上粗粒黑胡椒。

出锅时放上磨碎的白萝卜泥，
让整体味道更加张弛有度。

姜烧猪肉意大利面

材料（2人份）

意大利面（意大利细面→P6） ············ 160g
薄片状猪五花肉 ···························· 150g
大葱 ······························· 1根（净重80g）
姜 ··· 1块
白萝卜 ····························· 4cm（100g）
色拉油 ·································· 2大匙
A ┌ 酱油、味醂 ························· 各2大匙
  └ 清酒 ····························· 1大匙

烹调时间 ＊25分钟

准备工作

1. 将3L水和1大匙半盐（都为分量外）倒入大锅中，开大火加热。

2. 白萝卜削皮，磨成泥状，用笊篱沥干水分。

3. 姜去皮磨碎（准备1大匙）。

4. 大葱斜切成1cm宽的段。

5. 猪肉切成长3~4cm的片状。

制作方法

 开始煮意大利面（→P10~11）。

1 煸炒猪肉，加入大葱

平底锅中倒入色拉油，开中火加热，加入猪肉煸炒。猪肉变色后，加入大葱略微翻炒。

2 调味，加姜末

加入A和姜末，翻炒均匀。关火。

窍门 放入足量的姜，提升整体风味。

3 加入意大利面，装盘完成

意大利面煮好后，马上开火加热2（中火）。加入沥干水分的意大利面，搅拌均匀后装盘。放上磨碎的白萝卜泥。

可以当做下酒菜的重口意大利面。

咸辣乌贼意大利面

材料(2人份)	
意大利面（缎带面→P7）	160g
咸辣乌贼	60g
鸭儿芹	1棵（20g）
大蒜	⅓瓣
色拉油	1大匙

烹调时间 ＊ 25分钟

准备工作

1. 将3L水和1大匙半盐（都为分量外）倒入大锅中，开大火加热。

2. 鸭儿芹摘下叶子，茎切成宽5mm的小段。

3. 大蒜磨碎。

制作方法

 开始煮意大利面（→P10~11）。

1 将咸辣乌贼和意大利面混合

将咸辣乌贼、大蒜和色拉油放入一个大碗中。煮好意大利面后，沥干水分，加入碗中。

窍门 为了防止味道被稀释，一定要充分沥干意大利面的水分。

2 搅拌

用夹子搅拌均匀。

3 加入鸭儿芹，装盘完成

加入鸭儿芹，快速搅拌均匀，装盘。

放入口中，清新的香味和酸味立刻扩散开来。

柑橘鸡肉意大利面

材料（2人份）	
意大利面（意大利特细面→P6）	160g
鸡胸肉（带皮）	100g
白萝卜	4cm（100g）
蘘荷	3个
绿紫苏	4片
清酒	2大匙
A ⎡ 柑橘醋（市售）	3大匙
⎣ 盐	少许

烹调时间 ＊ **25分钟**

准备工作

1. 将3L水和1大匙半盐（都为分量外）倒入大锅中，开大火加热。

2. 白萝卜先纵向切成薄片，再切成细丝。

3. 蘘荷纵向切成两半，再纵向切成细丝。放入水中泡一下，马上拿出沥干水分。

4. 绿紫苏切去茎，纵向切成两半，然后横向切成细丝。放入水中泡一下，马上拿出沥干水分。

5. 鸡肉切成2等份。

制作方法

开始煮意大利面（→P10~11）。

1 制作清酒鸡肉

将鸡肉放入一个耐高温的盘子中，洒上清酒。松松地包上保鲜膜，放入微波炉加热2分钟左右。

保持包着保鲜膜的状态冷却，揭下保鲜膜，将鸡肉去皮撕成鸡丝。盘中的汤汁要留出来备用（鸡皮可以切成细丝后使用）。

2 调味

将A倒入一个大碗中，加入1中制作清酒鸡肉时的汤汁，搅拌均匀。

窍门 加入制作清酒鸡肉时的汤汁，调味汁会变得更加美味。

3 搅拌

煮好意大利面后，沥干水分，加入2中。再加入1、白萝卜、蘘荷和绿紫苏，快速搅拌均匀，盛入盘中。

辣辣的柚子胡椒酱，
将黄油的味道衬托得更加美味。

银鱼豆苗意大利面

材料（2人份）	
意大利面（意大利细面→P6）	160g
小银鱼	50g
豆苗	1袋（100g）
姜	2/3块
色拉油	1大匙
A ┌ 柚子胡椒酱	1小匙
├ 淡口酱油	1大匙
└ 盐	少许
黄油（无盐）	10g

烹调时间 ＊ **25分钟**

食材小贴士 柚子胡椒酱
将磨碎的柚子皮与辣椒、盐混
合后捣成泥状的调味料，是日
本九州的特产。拥有刺激性辣
味，常用于制作炖菜、凉拌菜
和各种面类。

准备工作

1.

将3L水和1大匙半盐
（都为分量外）倒入大
锅中，开大火加热。

2. 豆苗切去根部。

3. 姜去皮，切成碎末。

制作方法

 开始煮意大利面
（→P10~11）。

1 煸炒小银鱼和姜，加入豆苗

平底锅中倒入色拉油，开中火
加热，加入小银鱼和姜末煸
炒。当姜炒出香味时，加入豆
苗略微翻炒。

2 调味

加入A，翻炒均匀。
关火。

窍门 要好好给所有食材调味。

3 加入意大利面,装盘完成

意大利面煮好后，
马上开火加热2（中
火）。加入沥干水分
的意大利面和黄油，
搅拌均匀后装盘。

大蒜和酱油的香味，让人欲罢不能。

培根莲藕意大利面

材料（2人份）	
意大利面（意大利细面→P6）	160g
培根	3片（60g）
莲藕	1节（150g）
大蒜	½瓣
色拉油	1大匙
A ┌ 清酒	1大匙
└ 盐、胡椒、淡口酱油	各少许
粗粒黑胡椒	少许

烹调时间 * **25分钟**

准备工作

1. 将3L水和1大匙半盐（都为分量外）倒入大锅中，开大火加热。

2. 莲藕削皮，切成薄薄的半月形。放入水中泡1~2分钟，沥干水分。

3. 大蒜横向切成薄片（→P9）。

4. 培根切成宽1cm的条状。

制作方法

 开始煮意大利面（→P10~11）。

1 煸炒培根和大蒜

平底锅中倒入色拉油，开中火加热，加入培根和大蒜煸炒。

2 加入莲藕，略微翻炒

大蒜炒出香味后，加入莲藕略微翻炒，关火。

 窍门
一定要将莲藕炒透。

3 加入意大利面，装盘完成

意大利面煮好后，马上开火加热2（中火）。加入沥干水分的意大利面和A，搅拌均匀后装盘。撒上粗粒黑胡椒。

烤过的食材带有一种特殊的焦香。

烤鸡肉胡葱意大利面

材料（2人份）

意大利面（意大利细面→P6）·············· 160g
鸡脯肉·························· 2大块*（150g）
胡葱····································· 5根
绿紫苏···································· 4片
色拉油··································· 适量
A ┌ 青芥酱 ······························ 1小匙
  │ 黄油（无盐） ······················· 20g
  └ 淡口酱油························· 2/3大匙

＊一般的鸡脯肉可以切成3~4块。

烹调时间 ＊ **25分钟**

准备工作

1. 将3L水和1大匙半盐（都为分量外）倒入大锅中，开大火加热。

2. 胡葱切去叶子。

3. 绿紫苏切去茎。

4. 鸡脯肉去筋，涂上一层薄薄的色拉油。

制作方法

开始煮意大利面（→P10~11）。

1 烤鸡脯肉和胡葱

烤网（或是烤鱼用的烤架）开中火预热后，放上鸡脯肉和胡葱，均匀地烤好两面。

窍门
为了均匀地烤好，要不时翻动食材。

2 将鸡脯肉撕开

鸡脯肉冷却后，用手撕成方便食用的大小。胡葱用刀切成方便食用的长度。

3 搅拌

将A、2中的鸡脯肉和胡葱放入一个大碗中。煮好意大利面后，沥干水分并加入碗中。快速搅拌均匀，跟绿紫苏一起盛入盘中。

猪肩部美味肥厚的五花肉被称为猪肩肉。

牛蒡猪肩肉意大利面

材料（2人份）

意大利面（意大利扁面→P6）·········· 160g
猪肩部的五花肉（5mm厚）·········· 150g
牛蒡·················· 1小根（100g）
西兰花苗················· ½袋（10g）
芝麻油···················· 1大匙

A ┌ 鱼露、清酒·············· 各1大匙
　└ 盐、胡椒··············· 各少许

烹调时间 * **25分钟**

准备工作

1. 将3L水和1大匙半盐（都为分量外）倒入大锅中，开大火加热。

2. 牛蒡刮去皮，用刀斜着削成竹叶似的薄片。

3. 西兰花苗切去根部。

4. 猪肉切成宽7mm的条状。

制作方法

开始煮意大利面（→P10~11）。

1 煸炒猪肉和牛蒡

平底锅中倒入芝麻油，开中火加热，加入猪肉和牛蒡煸炒。

窍门 煸炒过程中，猪肉中的油脂会转移到牛蒡上。

2 调味

猪肉变色后，加入A翻炒均匀，关火。

3 加入意大利面，装盘完成

意大利面煮好后，马上开火加热2（中火）。加入沥干水分的意大利面，搅拌均匀后装盘。撒上西兰花苗。

咸咸的鳕鱼子、香嫩的鸡蛋和浓厚的蛋黄酱，
三者搭配相得益彰。

鳕鱼子鸡蛋意大利面

材料（2人份）	
意大利面（蝴蝶面→P7）	160g
鳕鱼子	1块（70g）
鸡蛋	2个
香芹	4棵
A ┌ 蛋黄酱	2½大匙
├ 酱油	½大匙
└ 盐、胡椒	各少许

烹调时间 * 25分钟

准备工作

1. 将3L水和1大匙半盐（都为分量外）倒入大锅中，开大火加热。

2. 在另一个锅中加入刚好没过鸡蛋的水，开中火加热，沸腾后继续煮8分钟左右。取出鸡蛋放入冷水中冷却，剥去蛋壳，切成碎末。

3. 香芹切成碎末。

4. 将鳕鱼子切分开，然后纵向划出一道切口。

制作方法

 开始煮意大利面（→P10~11）。

1 取出鳕鱼子

用勺子刮出里面的鱼子。

2 混合食材

将1、鸡蛋碎、香芹和A放入一个大碗中，搅拌均匀。

窍门 为了保证味道均一，一定要充分搅拌。

3 加入意大利面，装盘完成

意大利面煮好后，沥干水分，加入2中，搅拌均匀后装盘。

加入了鼠尾草的奶油奶酪酱汁，跟土豆汤团是绝配。

土豆汤团

汤团是将捣成泥状的蔬菜与蛋黄、面粉混合后制作而
成的意大利面，它口感柔软且富有嚼劲。每种蔬菜含
有的水分各不相同，为了顺利地将食材捏成一团，要
酌情增减干面粉的量。

土豆汤团

　┌ 土豆 ………………… 4小个（300g）
　│ 小麦粉（高筋面粉）……… 50g
　│ 蛋黄 …………………… 1个份
　└ 盐 …………………… ⅓小匙

小麦粉（高筋面粉）……………… 适量

酱汁

　┌ 鲜奶油 …………………… ½杯
　│ 帕尔玛干酪（→P25）……… 10g
　└ 鼠尾草叶（→P119）……… 8片

盐、胡椒…………………… 各少许

烹调时间 ＊ **90分钟**（除去土豆冷却的时间）

准备工作

1. 土豆去芽,不削皮,用水洗净。

2. 帕尔玛干酪磨碎备用。

1 煮土豆

在锅中倒入刚好没过土豆的水，开中火加热。沸腾后改小火，煮30~50分钟。

2 确认土豆状态

用竹签插一下土豆，如果能很顺利地插入，就算可以了。将土豆用笊篱捞出并沥干水分。用干抹布包住土豆，剥去土豆皮。将土豆放入一个大碗中，用捣碎器等工具将其捣碎（这个状态下的土豆大约为250g）。

> **窍门** 不同种类的土豆大小和含有的水分各不相同，需要煮的时间也不同，所以一定要用竹签确认土豆的状态。

将3L水和1大匙半盐（都为分量外）倒入大锅中，开大火加热。

3 加入高筋面粉和盐

土豆冷却后，加入高筋面粉和盐。

4 加入蛋黄

接着加入蛋黄。

搅拌成细腻光滑的状态

5 将食材混合到一起

用橡胶铲将所有食材混合均匀，然后捏到一起。将捏好的面团分成3等份，然后分别捏成团状。

9 制作好酱汁，加入汤团，装盘完成

将制作酱汁的材料倒入平底锅中，边搅拌边用中火加热。煮开后加入8，充分搅拌。尝一下味道，酌情加入一些盐和胡椒，搅拌均匀后装盘。

6 将面团擀成棒状

在案板上撒一些干面粉。将3个面团都擀成直径为1cm左右的棒状。

窍门　擀出的棒状粗细要均一。

7 压出花纹

将擀成棒状的面切成3cm长的段，撒上一层干面粉。用叉子在小面段上压出花纹。

窍门　压上花纹后，就会变得更容易吸附酱汁。

8 煮熟

锅中的水沸腾之后，加入7，略微搅拌一下，调成中火继续煮。等汤团浮起来后，用笊篱捞出，沥干水分。

酱汁简单却能突出南瓜的甜味。

南瓜汤团

材料（2人份）

南瓜汤团
- 南瓜 ················· ⅓个（净重250g）
- 小麦粉（高筋面粉）··············· 50g
- 蛋黄 ··································· 1个份
- 盐 ···································· ⅓小匙

小麦粉（高筋面粉·当干面粉用）··· 适量

酱汁
- 黄油（无盐）···················· 30g
- 帕尔玛干酪（→P25）·············· 20g

盐、粗粒黑胡椒···················· 各少许

烹调时间 ＊ **40分钟**（除去南瓜冷却的时间）

1. 南瓜削皮，切成边长2cm的方块。

2. 帕尔玛干酪磨碎备用。

3. 将3L水和1大匙半盐（都为分量外）倒入大锅中，开大火加热。

制作方法

1 加热南瓜

将南瓜放入耐高温盘子中，松松地包上保鲜膜，放入微波炉加热3~4分钟。将加热后的南瓜放入一个大碗中，用捣碎器捣成泥状。

2 制作面团

南瓜冷却后，加入高筋面粉、盐和蛋黄，用橡胶铲充分混合并捏成一个面团。将面团分成3等份，每份都捏成团状。

3 擀面团

在案板上撒上干面粉。将3份面团分别擀成直径为1cm左右的棒状。

4 切开，煮熟

将擀成棒状的面切成长3cm的段，撒上一层干面粉。锅中的水沸腾之后，加入切好的汤团，略微搅拌一下，调成中火继续煮。等汤团浮起来后，用笊篱捞出，沥干水分。

5 搅拌

将制作酱汁的材料倒入一个大碗中，加入煮好的汤团，快速搅拌。尝一下味道，酌情加入一些盐，搅拌均匀后装盘。撒上粗粒黑胡椒。

窍门 要趁热将汤团与黄油、帕尔玛干酪混合，用余热熔化它们。

制作手擀意大利面

自己动手擀的意大利面，拥有独特的弹软口感和嚼劲。下面将给大家介绍两种制作手擀意大利面的方法，分别是用擀面杖擀出面条和用面条机压出面条。弹软的手擀意大利面，一般会搭配比较浓厚的酱汁，所以要制作成跟缎带面或宽缎带面差不多的宽度。

材料（2人份）·完成后约320g	
小麦粉（高筋面粉）	100g
小麦粉（低筋面粉）	100g
鸡蛋	2个
盐	½小匙
干面粉（高筋面粉）	适量

■制作方法

1 打散鸡蛋
将鸡蛋打到碗中，用长筷子打散。

2 将盐加入小麦粉中
将高筋面粉、低筋面粉和盐加入一个大碗里。

3 混合
用指尖将面粉和盐充分混合。

4 加入蛋液
将1加入3中，用手混合均匀。

5 继续混合
继续用手混合，直到将食材揉成一个面团为止。

6 将面团取出后放到案板上，揉7~10分钟，直到揉成细腻光滑的状态为止。

窍门 将体重集中在手掌上，用力按揉面团，来打造弹性十足的口感。

7 调整水分
如果面团过干，可以加少许水分。相反，如果面团过黏，则可以多撒些干面粉继续揉捏。

窍门 面团含水量会根据鸡蛋大小、气候和面粉状态等而有所不同，制作时一定要好好观察面团的状态。

8 整理成圆形
用手让面团顺时针旋转，将其整理成一个圆形。

9

窍门 通过醒面，面团会变得更有弹性，操作也会更方便。

放入冰箱醒一下

将面团装入塑料袋中，放入冰箱醒1小时左右。这样面团就做好了。

10

擀开面团

将面团放到撒了干面粉的案板上，切成2等份后，分别捏成圆形。边撒干面粉边擀开面团，擀成20×30cm大小左右就可以了。

11

卷起来

表面撒上干面粉，将面片卷起来。

12

窍门 为了防止压坏面条，切的时候要快速果断。

切开

按照自己的喜好，将卷起的面切成4~7mm宽。搭配的酱汁越浓厚，切得越宽。

13

撒上干面粉

将面团弄散后，撒上适量的干面粉。剩下的一半面团也按照同样的方法制作成面条。

面条的保存

保存方法有两种，一种是像步骤9一样，直接以面团的形式放入冰箱冷藏，另一种是切开煮好后放入冰箱冷藏。保存时间大约为2天。

使用面条机的方法

每种面条机的型号和使用方法都各不相同，请一定要好好读一下说明书。

1. 完成前面9步的操作后，将面团切成2等份，分别捏成圆形。

2. 在案板和擀面杖上撒上干面粉，将面团擀成能放入面条机的厚度。

3. 将面片放入撒有大量干面粉的面条机中，用面条机充分擀开。

4. 按照图中所示，将面片折成三折，放入面条机中，继续擀。直到面片变成厚2mm左右为止，要一直不断地重复撒干面粉、擀开的操作。在这个过程中，要一直观察面片的薄厚，然后进行调整。

5. 擀好面片后，将其切成两半。剩下的一半面团也按照同样的方法擀开并切成两半。

6. 将面片放入面条机中，切成自己喜欢的粗细。

花很长时间煮出的酱汁，味道非常惊艳。

新鲜番茄酱手擀意大利面

材料（2人份）

意大利面（手擀意大利面→P194~195）约320g
新鲜番茄酱
- 番茄（熟透的）··············· 6个（1kg）
- 大蒜 ····························· ½瓣
- 橄榄油 ····························· 1大匙
- 盐 ····························· ½小匙
- 粗粒黑胡椒 ····················· 少许

意大利面香芹（→P35）····················· 适量

烹调时间 ＊ **70分钟**（除去制作面团的时间）

准备工作

1. 制作手擀意大利面的面团，放入冰箱醒一下（到→P194~195的制作方法9为止）。

2. 番茄去蒂，用刀在底部轻轻划出十字切口。

3. 大蒜用刀背压碎（→P9）。

1 煮番茄并剥皮

在锅中放入足量的水，煮沸后，以蒂朝下的状态放入番茄，煮20秒左右。

番茄的切口裂开后，将其放入冷水中冷却，剥皮。剩余的番茄也采用相同方法剥去皮，然后切成边长为2cm左右的块状。

2 将番茄和大蒜放入锅中

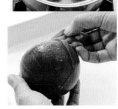

将1中的番茄和大蒜放入一个稍小的锅中，盖上锅盖，开中火加热。

3 煮酱汁

煮开后打开锅盖，调成小火，继续煮1小时左右，直到煮成原来⅓的量为止，这个过程中要不时用木铲搅拌。利用煮酱汁的时间将意大利面的面团制作成宽5mm的面条（→P195）。

窍门 将3L水和1大匙半盐（都为分量外）倒入另一个锅中，开大火加热。

 为了防止糊锅，要不时用木铲搅拌。

4 煮意大利面

根据酱汁的状态决定煮意大利面的时间。将意大利面放入锅中，煮5分钟左右，煮的时候要不时用夹子搅拌。尝一下中间没有硬芯，就算煮好了。用笊篱捞出，沥干水分盛入盘中。

5 浇上煮好的酱汁

将橄榄油、盐和粗粒黑胡椒加入3中，搅拌均匀后，浇到4上。最后撒上意大利香芹。

花费很大精力制成的手擀意大利面，当然要配上最棒的酱汁。

3种奶酪手擀意大利面

材料（2人份）

意大利面（手擀意大利面→P194~195）约320g

奶酪酱汁

- 卡门贝尔奶酪（→P122）··············30g
- 戈尔贡左拉奶酪（→P83）··········30g
- 帕尔玛干酪（→P25）··············20g
- 鲜奶油···½杯
- 盐、胡椒··································各少许

烹调时间 ＊ **25分钟**（除去制作面团的时间）

准备工作

1. 制作手擀意大利面的面团，放入冰箱醒一下（到→P194~195 的制作方法9为止）。

2. 擀开面团，切成7mm宽的意大利面(→P195)。

3. 将3L水和1大匙半盐（都为分量外）倒入大锅中，开大火加热。

4. 帕尔玛干酪磨碎备用。

制作方法

1 煮意大利面

水沸腾后，将意大利面放入锅中，煮8~10分钟，这个过程中要不时用夹子搅拌。尝一下意大利面，如果中间没有硬芯，就算煮好了。用笊篱捞出，沥干水分。

2 将奶酪放入平底锅中

将卡门贝尔奶酪和戈尔贡左拉奶酪掰碎后放入平底锅中，加入鲜奶油。

3 加热熔化奶酪，加入意大利面，装盘完成

边用木铲搅拌边开中火加热，奶酪熔化后马上加入意大利面，快速搅拌均匀，尝一下味道，酌情加入一些盐和胡椒。搅拌均匀后装盘，撒上帕尔玛干酪。

只需将材料混合就能做出的甜点，初学者也可以轻松尝试。

提拉米苏

烹调时间 ＊5分钟（除去冷却的时间）

材料（2人份）

奶油奶酪（→P124）············· 100g
鲜奶油····························· 30g
细砂糖····························· 20g
朗姆酒（按喜好加入）··········· 1小匙
可可粉······························ 适量

制作方法

1 将奶油奶酪放入一个耐高温的大碗中，包上保鲜膜，放入微波炉里加热20秒左右。用勺子将软化的奶油奶酪拌开，然后加入鲜奶油、砂糖和朗姆酒，继续搅拌，直到变成细腻光滑的状态为止。

2 将搅拌好的食材装入小碗中，包上保鲜膜，放入冰箱冷藏，等到食用时再拿出来。

3 揭下2的保鲜膜，用茶漏撒上一些可可粉。

提拉米苏

意大利语写作"tiramisu"。直译是"将我拉上来"。意译过来则是指"为我鼓劲"或"能够给人鼓劲的甜点"。原本是用马斯卡彭奶酪制作而成的。上个世纪90年代，提拉米苏在日本引起了一股风潮，现在也保持着稳定的高人气。

意大利版水果宾治。制作时可以换成自己喜欢的水果。

什锦水果沙拉

材料（2人份）

奇异果········· 2个（200g）
蓝莓············· 50g
柠檬（切成厚5mm的片
状）················· 2片
薄荷叶············· 2~4片

果子露
┌ 白葡萄酒 ········ ½杯
│ 水 ············· ¼杯
│ 细砂糖 ········ 30g
│ 蜂蜜 ········ 20g
└ 香草豆荚 ········5cm

烹调时间 ★ **15分钟**（除去冷却的时间）

制作方法

1 奇异果削皮，切成宽1cm的块状。柠檬去皮。

2 将果子露的材料倒入锅中，开中火加热，边搅拌边煮开，加入1。再次煮开后调成小火，煮2分钟左右。关火，加入蓝莓，放到一边冷却。

3 将2倒入密封容器中，放进冰箱冷藏2小时以上。盛到碗里，点缀上薄荷叶。

将热热的咖啡淋到冰激凌上。

阿芙佳朵

材料（2人份）

香草冰激凌·····································冰激凌勺2勺
咖啡（刚泡好的稍浓一些）····························· ¼杯

烹调时间 ★ **5分钟**

制作方法

用冰激凌勺将冰激凌盛到小碗中，淋上咖啡。

★ 将2小匙咖啡酒（咖啡利口酒）跟咖啡一起淋到冰激凌上，也会很美味。

微苦的金巴利酒配上酸甜可口的橙汁。

金巴利橙汁鸡尾酒

材料（2人份）

金巴利酒·······························¼杯
橙汁（市售浓度100%果汁）·········¾杯

制作方法

在玻璃杯中放入适量的冰块，然后加入金巴利酒和橙汁，搅拌均匀。

用含酒精的柠檬利口酒，打造出酸酸甜甜的苏打。

柠檬利口酒苏打

材料（2人份）

柠檬利口酒····························· 30~50ml
苏打水（无糖冰过的）·················¾杯

制作方法

在玻璃杯中倒入柠檬利口酒和苏打水，搅拌均匀。

这款饮料推荐给不喜欢喝酒的人。

番茄姜汁宾治

材料（2人份）

姜汁汽水（冰过的）·····························½杯
番茄汁（市售无盐型）·····················½杯

制作方法

将番茄汁倒入玻璃杯中，然后再倒入姜汁汽水，搅拌均匀。

加入橙子和柠檬，将它们的酸味和香味转移到酒中。

桑格利亚汽酒

材料（2人份）

红葡萄酒·· 1½杯
橙子（切成厚5mm的片状） ············· 1个份
柠檬（切成厚5mm的片状） ················· 2片
蜂蜜·· 10g

制作方法

1　橙子、柠檬去皮。

2　将1和蜂蜜倒入碗中，再加入红葡萄酒。包上保鲜膜，放入冰箱冷藏3小时以上。将泡好的酒倒入玻璃杯中，放入一片橙子或柠檬。

食材、料理名称用语集

下面为大家集中介绍本书中出现的有关食材或料理的特殊用语。

–A–

Affogato（阿芙佳朵）

在意大利语中是"淹没"的意思。指的是在香草冰激凌或意式手工雪糕上，浇上意式浓缩咖啡或普通咖啡制作而成的甜品。

Aglio olio e peperoncino

在意大利语中，Aglio指大蒜，olio指橄榄油，peperoncino指红辣椒。

Anchovy（鳀鱼）

用盐腌制鳀鱼，使其熟成后再用橄榄油浸泡的食材。特征是口感浓厚且味道比较咸。

Arrabbiata（辣番茄酱笔尖面）

Arrabbiata在意大利语中有"易怒的人"之意。据说是因为人们吃了带红辣椒的番茄酱后脸会变红，看上去好像很愤怒似的。

–B–

Bagna càuda（意式蔬菜热蘸酱）

Bagna在意大利语中指"酱汁"，càuda指"热的"。这款料理是意大利皮埃蒙特地区的著名美食。具体做法是，将鳀鱼、大蒜、橄榄油等混合起来做成酱汁，然后趁热用蔬菜蘸着吃。

Basil（罗勒）

带有清新的香味和些许辣味的香草。除了意大利面之外，还常用于制作沙拉和汤。

Black olive（黑橄榄）

用盐腌过的橄榄树果实，使用的是熟透的橄榄。除了制作意大利面外，黑橄榄还可以直接当做下酒菜。

Bolognese（肉酱）

使用肉馅做成的肉酱。

Bruschetta（番茄烤面包片）

用大蒜和橄榄油为烤过的面包片调味，然后放上蔬菜、橄榄和生火腿等食材一起食用的料理。

–C–

Camembert cheese（卡门贝尔奶酪）

原产于法国北部卡门贝尔的软质奶酪。特征是有少许咸味和牛奶般的香味。

Campari（金巴利酒）

由苦柑、茴香、胡荽等十多种材料制作而成的微苦利口酒。常用于制作鸡尾酒。

Caper（刺山柑）

刺山柑花蕾用盐腌好，去除多余盐分后浸泡在食醋中的加工品。能给料理增加酸味和特殊香味。

Caponata（意式炖茄子）

将白葡萄酒、香料和茄子等蔬菜一起炖煮制作而成的料理。

Caprese（卡布里沙拉）

在意大利语中是"卡布里岛"的意思。使用番茄、马苏里拉奶酪和罗勒制作而成的前菜。

Carbonara（炭烧白汁意大利面）

在意大利语中有"烧炭工人"的意思。据说是因出锅时撒上的黑胡椒很像炭粉而得名。是一款鸡蛋白汁意大利面。

Carpaccio（意大利风刺身）

将牛肉或生鱼切成薄片，直接淋上橄榄油或酱汁的前菜。最后经常会撒上一些帕尔玛干酪。

Coriander（香菜）

别名香荽、胡荽。特点是本身独特的香味，常用于制作泰国料理。

Cream cheese（奶油奶酪）

由鲜奶油或奶油和牛奶的混合物制成的未熟成奶酪。特征是爽口的酸味和柔滑的口感。

–D–

Dill（莳萝）

香味很独特的香料。除了制作意大利面之外，还常用于给肉类料理和鱼类料理调味。

Dry tomato（番茄干）

将意大利产的细长番茄露天风干制成的食材。风干后，番茄中的谷氨酸会浓缩起来，使味道变得更好。

–F–

Fennel（小茴香）

伞形科多年生植物，日文名也叫茴香。特点是清爽的香味和甜味。常用于制作沙拉、凉拌菜和汤等。

–G–

gazpacho（西班牙冷汤）

使用番茄等夏季蔬菜制作而成的西班牙冷汤。

Genovese（热那亚青酱）

起源于意大利利古里亚州热那亚市的酱汁。由罗勒、松子、橄榄油、奶酪等混合制作而成。

gnocchi（汤团）

汤团是将捣成泥状的蔬菜与蛋黄、面粉混合后制作而成的意大利面，它口感柔软且富有嚼劲。

Gorgonzola cheese（戈尔贡左拉奶酪）

意大利产的蓝奶酪。本书中使用的是香辣口味。它的特点是具有刺激浓郁的辣味。

Green olive（绿橄榄）

用盐腌过的橄榄树果实。使用的是没熟透的橄榄，除了意大利面外，还常用于制作沙拉和炖菜等。

–H–

Ham（生火腿）

让猪的大腿肉自然熟成的肉类。产自意大利的品种被称为"Prosciutto"。

–I–

Ikasumi paste（酱状墨鱼汁）

将墨鱼汁制作成酱状后再加盐的食材。

Italian parsley（意大利香芹）

与普通香芹相比，意大利香芹的香味更加稳定且清爽。常用于制作沙拉或腌制其他食材。

–L–

L'amatriciana（培根番茄酱意大利面）

来源于意大利中部城市阿马特里切的著名番茄酱意大利面。

Laurel（月桂叶）

将月桂树的叶子风干后制成的香料。常用于给奶汁炖菜、浓汤和肉类料理提味。

Limoncello（柠檬利口酒）

将柠檬皮泡入酒精浓度很高的蒸馏酒中，再加入砂糖制作而成的酒。可以直接饮用，也可以加冰块或苏打水。

–M–

Macedonia（什锦水果沙拉）

由多种水果制作而成的水果宾治。

Mozzarella cheese（马苏里拉奶酪）

味道较淡的鲜奶酪。特点是加热后会熔化、拉伸。最早是用水牛奶制作而成，现在则一般采用普通牛奶。常用于制作披萨和焗饭等。

–P–

Pancetta（意大利培根）

将意大利产的猪肉用盐腌制后制成的肉类。特点是肉香浓郁、有一定的咸味。市面上出售的主要有三种，分别是块状的、切成薄片的和切碎的。如果不容易买到，用普通的培根代替也可以。

Parmigiano reggiano（帕尔玛干酪）

意大利产的硬质奶酪。通常是用工具磨碎后使用。加入帕尔玛干酪后，料理的浓度、味道和香味都会更上一层楼。

Pescatora（海鲜番茄意大利面）

Pescatora在意大利语中是"渔民风"的意思。这是一款使用了多种海鲜的番茄酱意大利面。

Porcino（干燥牛肝菌）

牛肝菌是意大利料理中经常使用的代表性食材，拥有独特的香味。泡发时吸收了味道的泡发汁，也要好好利用哦。

Puttanesca（蒜香鳀鱼意大利面）

意思是"妓女风"。名字的由来有多种说法，如"是忙碌的妓女发明出的快手意大利面"、"妓女用来吸引客人的美味意大利面"等。是使用鳀鱼、刺山柑、黑橄榄等制作而成的番茄酱意大利面。

–R–

Rosemary（迷迭香）

拥有独特甜味和香味的香草，可以去除肉类的腥味。

Rucola（芝麻菜）

别名火箭生菜。特点是具有芝麻一样的香味和水芹一样的苦味。除了意大利面，还可以做沙拉等的配菜。

–S–

Sage（鼠尾草）

香草的一种，特征是鲜绿的颜色和特殊的香味。常用于制作肉类料理或搭配黄油、奶油等制成浓厚的酱汁。

Salami（生萨拉米）

没有经过加热处理的萨拉米。生萨拉米的制作方法是，将盐、香料、猪油等加入猪肉馅中，在低温下烟熏，然后干燥而成。

saltimbocca（生火腿鼠尾草煎肉）

意大利语中有"自己飞入口中"的意思。是一道简单又美味的代表性肉类料理。在罗马，这道菜是用小牛肉做的。

Sangría（桑格利亚汽酒）

在红酒中加入水果或香料制作而成的饮料。调好后放到冰箱里冷藏一下，使水果的香味充分进入红酒中，味道会更好。

松子

朝鲜五叶松的种子。特点是口感较软，有很浓的香味。炒熟后还可以放到沙拉中当配菜。

–T–

Thyme（百里香）

拥有独特香味的香草。常用于制作火腿、香肠等，也可以用来制作浓汤和酱汁。

Tiramisu（提拉米苏）

直译是"将我拉上来"的意思。意译过来则是指"为我鼓劲"或"能够给人鼓劲的甜点"。上个世纪90年代，提拉米苏在日本引起了一股风潮，直到现在仍保持着稳定的高人气。

–V–

vongole Bianco/vongole Rosso（花蛤油酱面/花蛤辣番茄酱面）

在意大利语中，"vongole"指"蛤蜊"，"Bianco"指"白色"，也就是油酱，"Rosso"指"红色"，也就是番茄酱。

–X–

香葱

长到5~6cm的青葱。常用于制作沙拉和寿司。

柚子胡椒酱

将磨碎的柚子皮与辣椒、盐混合后捣成泥状的调味料，是日本九州的特产。拥有刺激性辣味，常用于制作炖菜、凉拌菜和各种面类。

按食材种类的料理索引

TITLE：［おいしさのコツが一目でわかる　基本のパスタ］
BY：［石澤 清美］
Copyright © Ishizawa Kiyomi, 2014
Original Japanese language edition published by SEIBIDO SHUPPAN Co.,Ltd.
All rights reserved. No part of this book may be reproduced in any form without the written permission of the publisher.
Chinese translation rights arranged with SEIBIDO SHUPPAN Co.,Ltd.,Tokyo through Nippon Shuppan Hanbai Inc.

本书由日本成美堂出版株式会社授权北京书中缘图书有限公司出品并由红星电子音像出版社在中国范围内独家出版本书中文简体字版本。

图书在版编目（CIP）数据

美味诀窍一目了然 . 意大利面制作基础 /（日）石泽清美著；王宇佳译 . -- 南昌：红星电子音像出版社，2016.9
ISBN 978-7-83010-130-5

Ⅰ . ①美… Ⅱ . ①石… ②王… Ⅲ . ①面条—制作—意大利 Ⅳ . ① TS972.116

中国版本图书馆 CIP 数据核字 (2016) 第 195446 号

责任编辑：黄成波
美术编辑：杨　蕾

美味诀窍一目了然——意大利面制作基础

（日）石泽清美　著　　王宇佳　译

策划制作：北京书锦缘咨询有限公司（www.booklink.com.cn）
总 策 划：陈　庆
策　　划：邵嘉瑜
设计制作：柯秀翠

出版　江西教育出版社
发行　红星电子音像出版社
地址　南昌市红谷滩新区红角洲岭口路129号
　　　邮编：330038　电话：0791-86365613　86365618
印刷　江西华奥印务有限责任公司
经销　各地新华书店
开本　170mm×240mm　1/16
字数　125千字
印张　13
版次　2017年1月第1版　2017年1月第1次印刷
书号　ISBN 978-7-83010-130-5
定价　49.80元

赣版权登字 14-2016-0271